# 元分析方法应用指导

## 管理学研究中的实践

焦豪◎编著

清华大学出版社
北京

## 内 容 简 介

本书是全面而系统的元分析实践指南，涵盖了从理论基础到实操应用的各个方面。本书首先对元分析的基本概念、特点及优势等进行了深入的介绍，明确了元分析在管理学研究中的应用价值和重要性。然后，本书详细阐述了元分析的适用情境、文献检索与编码、发表偏差、效应值估计模型、调节效应、中介效应、汇报结果、质性元分析概述等内容，并提供了丰富的实操指导。本书概述了质性元分析的相关理论和操作步骤，拓宽了元分析的应用领域。

本书适合的读者为管理学、心理学等社会科学领域的学者、本科生、硕士研究生、博士研究生及研究方法爱好者。本书适合作为相关课程的辅助教材，帮助学生和研究人员深入理解和应用元分析方法，提高其在管理学研究中的实证分析能力。



**图书在版编目（CIP）数据**

元分析方法应用指导 ：管理学研究中的实践 / 焦豪编著. -- 北京 ：清华大学出版社, 2025. 6. -- ISBN 978-7-302-69583-7

Ⅰ. O241.82

中国国家版本馆 CIP 数据核字第 2025VK8475 号

**责任编辑：** 付潭蛟
**封面设计：** 胡梅玲
**责任校对：** 王荣静
**责任印制：** 曹婉颖
**出版发行：** 清华大学出版社
**网　　址：** https://www.tup.com.cn，https://www.wqxuetang.com
**地　　址：** 北京清华大学学研大厦 A 座　　**邮　　编：** 100084
**社 总 机：** 010-83470000　　**邮　　购：** 010-62786544
**投稿与读者服务：** 010-62776969，c-service@tup.tsinghua.edu.cn
**质 量 反 馈：** 010-62772015，zhiliang@tup.tsinghua.edu.cn
**印 装 者：** 天津安泰印刷有限公司
**经　　销：** 全国新华书店
**开　　本：** 170mm×240mm　　**印张：** 13.75　　**字　　数：** 199 千字
**版　　次：** 2025 年 8 月第 1 版　　**印　　次：** 2025 年 8 月第 1 次印刷
**定　　价：** 59.00 元

---

产品编号：107796-01

# /前　言/

随着管理学研究的不断深入和扩展，研究者逐渐意识到，单一的实证研究或理论探讨有时难以得出具有普遍性和稳定性的结论。面对海量的研究成果和纷繁复杂的研究结论，如何对已有的实证研究进行系统性总结、评价和整合，以提供更具科学性和客观性的见解，已成为管理学研究者急需解决的关键问题。元分析（meta-analysis）正是在这样的需求下应运而生的，作为一种系统的定量分析工具，它通过对多项独立研究结果进行统计整合，揭示出隐藏在不同研究中的普遍规律，从而为理论验证、方法改进以及实践应用提供坚实的证据支持。

元分析自 20 世纪 70 年代提出以来，经过几十年的发展，已成为医学、教育学、心理学等多个领域中被广泛使用的研究方法。在管理学研究中，元分析的应用越来越受到关注，尤其是在组织行为、战略管理、市场营销等领域，研究者通过元分析系统地综合前人研究成果，得出更具普适性的结论，为理论和实践提供了有力的支持。然而，元分析作为一种复杂的研究方法，涉及文献检索、效应值（effect size）提取、发表偏差检测等多个环节，每一个步骤的设计和实施都直接影响元分析结果的科学性和可靠性。因此，系统化地学习和掌握元分析的应用方法，对于管理学等领域的研究者尤其是初学者来说，显得尤为重要。

本书的编写正是基于这个初衷，旨在为管理学等领域的研究者提供一本系统、实用的元分析方法应用指南。本书从最基本的概念和原理入手，详细介绍了元分析的基本流程，力求帮助读者全面、深入地掌握元分析的核心方法。同时，本书还结合多个操作实例，提供基于 R 语言的具体操作指南，以便读者能够在实际研究中灵活应用这些方法。全书共 9 章，具体内容如下。

第 1 章介绍了元分析的相关概念、特点和基本流程，帮助读者理解元分析的理论基础。第 2 章讨论了元分析的适用情境，阐述了在哪些研究问题上适合采用元分析方法进行探索，哪些情况下不适合使用元分析方法。第 3～5 章主要介绍了文献检索与编码、发表偏差的检测与校正、效应值估计模型的选择等元分析实施过程中的关键技术问题；第 6 章和第 7 章分别介绍了调节效应（moderating effect）和中介效应（mediating effect）的分析方法，帮助读者应对复杂的研究模型和变量关系；第 8 章重点讲解了元分析结果的汇报规范与写作要点，结合国际通行的报告标准，提供了详细的写作指导。第 9 章作为补充，概述了质性元分析这个研究方法及其在管理学研究中的相关应用。

本书由北京师范大学焦豪教授提出总体构想并明确写作框架。李楠、刘琪、白莹、朱浩璇、朱永麒参与了本书部分章节的编写和材料准备工作，全书由焦豪教授统稿并审定。在此过程中，本书参考了众多专家学者的研究成果，这些研究为本书的编写提供了宝贵的启发，在此一并致谢。元分析是一项复杂而严谨的研究方法，涉及大量的统计技术和操作步骤，本书中的部分内容可能仍有待完善，敬请广大读者批评指正。

# /目　录/

# / 第 1 章 /

# 元分析概述

在学术研究的浩瀚星海中，每一个研究虽然如同星辰般璀璨，却可能因视角的局限而显得孤立无援。当研究者们面对纷繁复杂的数据与结论时，如何拨开迷雾，探寻到更为普遍、更为可靠的真理？元分析便是为解决这一问题应运而生的一盏明灯。它不仅是一种数据统计方法，更是连接过去与未来、个体与整体的桥梁。

元分析，这一术语由 Glass 在 1976 年首次提出，其内涵随着学术研究的深入而不断丰富。它不仅仅是对已有研究成果的简单汇总，更是一种科学的、系统的综合分析方法。通过严谨的文献筛选、数据提取与统计分析，元分析能够揭示隐藏在众多独立研究背后的普遍规律与趋势，为理论构建与实践指导提供坚实的证据基础。

在本章，我们将深入探讨元分析的基本概念与分类。首先，我们将明确元分析的定义与内涵，揭示其作为一种综合分析方法的独特价值。其次，我们将介绍元分析的两大主要类型——定量元分析与质性元分析，阐述它们各自的研究方法、适用条件及在不同学科领域中的应用情况。最后，我们还将探讨元分析与传统文献综述之间的区别与联系。

通过本章的学习，读者将能够掌握元分析的基本框架与操作流程，为后续章节的深入学习奠定坚实的基础。

# 1.1 相关概念

## 1.1.1 什么是元分析

元分析的英文是 meta-analysis，其中 meta 是英文中的前缀，有“更加全面或超常规的综合”的意思。国内许多学者将 meta-analysis 译为元分析、荟萃分析、整合分析、汇总分析、二次分析、集成分析、再分析、汇后分析等，还有许多学者来用“meta 分析”。元分析还有许多同义词，如总观评述（overview）、定量评论（quantitative review）、定量综合（quantitative synthesis）、资料汇总（data pooling）、资料综合（data synthesis）等。

第一次使用“元分析”这一概念的是美国学者 Glass，他在 1976 年美国教育研究联合会（American Education Research Association）的发言致辞中首次提出元分析概念。

- Glass 对元分析提出的定义：以综合已有的发现为目的，对单个研究结果的集合的统计学分析方法。
- Brown 等认为元分析是指“整合相关的单个研究的发现，并汇集成大样本资料进行统计分析”，它有助于识别企业单个独立研究难以判断的变量关系以及权变效应。之后的许多统计学家也做了类似定义，即把元分析仅看作是对以往研究结果进行定量合并的统计分析方法。
- Sacks 等提出的定义：对以往的研究结果进行统计学的合并和严谨的综述的方法。
- 罗湘认为元分析是依靠搜集已有或未发表的具有某一可比特性的文献，应用特定的设计和统计学方法进行分析与综合评价，使之有可能对具有不同设计方法及不同样本数的研究结果进行综合比较的方法。
- Milos 把前阶段的元分析称作典型或定量元分析（classic meta-analysis or

quantitative meta-analysis )。随着元分析方法应用范围的扩大和其自身的发展，学者们认识到元分析中应该既有定量分析也有定性分析。因此，他们不再简单地将元分析看作一种统计分析，而是将其看作一种通过综合多个同类研究的结果，对研究效应进行定量合并的分析研究过程和系统方法。因此，简单地说，元分析就是一种应用特定的设计和统计学方法对以往的研究结果进行整体的和系统的定性与定量分析的方法。

- Stanley 在讨论了定量文献综述的研究方法后，认为元分析因其在总结、评价和分析实证研究方面具有的明显的科学性优势和广泛的影响而成为这方面最重要的统计学方法。Stanley 的这一观点已经为不同学科的研究者所广泛认同。同样，管理学研究也存在定量文献综述的问题，因此，运用元分析进行定量文献综述，成为管理学研究的必然趋势。

综合上述学者的观点，元分析是以综合已有的发现为目的，对单个研究结果进行综合的统计学分析方法，也称为“典型或定量元分析”。换句话说，元分析是一种数据分析方法，它通过收集、整理以往专家学者的实证研究，并运用一些测量和统计分析技术，对关于同一个问题的多项独立的定量研究结果进行再分析。通过系统地提炼和整合来自许多研究的数据，找出研究问题或者所关注变量之间的关系，进而就给定的研究问题得出更具普适性、更可靠的结论，从而弥补传统文献综述的不足。因此，元分析也被视作跨研究评判结果的一种有力工具。元分析已经有半个多世纪的历史，最初主要应用于医学领域，现在越来越广泛地应用于社会科学领域的各个学科中。

从数据统计方法的角度而言，元分析是对众多现有实证文献的再次统计，利用相应的统计公式对相关文献中的统计指标进行再一次的统计分析，从而可以根据获得的统计显著性等来分析两个变量间真实的相关关系。元分析要求对每个观察到的相关系数进行研究样本大小的权重处理，从而产生经过权重处理后总体相关性的评价估计值。这个估计值的误差包括总体样本的真实误差、样本误差，以及测量误差。因此为了获得精确的总体相关性及其误差，需要对样本误差和测量误差等进行修正，找出“调节变量（moderating variable 或 moderator）”分组研究。另外，元分析对使用的数据进行了一定的限制要求。如“一个变量在不同的研究中有多种衡量指标”出现时，首先得将这种“异质性”进行处理以保证数据来源及统计方式的一致性。

### 1.1.2 元分析的分类

元分析的分类主要基于其研究方法和研究对象的不同，可以大致分为以下几种类型：定量元分析和质性元分析。定量元分析是对实证文章进行总结和分析的方法，而质性元分析则是对于质性研究进行证据整合的方法。

定量元分析是一种统计方法，它通过对多个独立研究的结果进行综合分析，以评估某一效应或关系的总体效应量。这种方法可以提高统计功效，增加研究结论的普适性和可信度。定量元分析广泛应用于医学、心理学、教育学、社会科学等多个领域，它为研究者提供了一种强有力的工具，以整合现有证据，指导实践和制定政策。然而，这种方法也有其局限性，如依赖于研究质量的一致性、可能的发表偏差以及统计模型的选择等。

质性元分析，又叫作定性或质化元分析、元综合等，作为一种新兴的质性研究整合方法，由 Stern 等在 1985 年首次提出，是一种兼具探索、归纳和整合性的研究工具，主要是将以往零散的单案例或多案例研究、扎根理论研究、民族志研究等质性研究的结论进行整合，以寻求对某一领域进行系统性回顾和全新解释，并构建普适性的理论框架。质性元分析最早应用于医疗保健和护理方面的研究，初衷是顺应“循证医学”的研究热潮。该方法逐渐被社会、教育、心理等研究领域所借鉴，成为对零散的质性研究进行元分析的有效工具。2013 年，Hoon 借鉴了教育学质性元分析、循证管理以及管理案例研究等领域开创学者的思想，首次系统地将质性元分析方法应用到管理案例研究的整合中，并给出了详细的使用步骤和操作指南。自此，质性元分析方法在组织管理领域逐渐应用开来。2014 年，Rauch 等认为 Hoon 提出的质性元分析难以真正实现管理研究结论的普遍性，因此提出了另一种范式的质性元分析，该范式通过增大研究数量来有力预测变量之间的因果效应，但由于其发表案例中的公开数据信息要求较高，因此这种范式的质性元分析未被管理学者们广泛使用。

无论是定量元分析还是质性元分析，它们都提供了一种系统化的方法来综合现有研究，通过统计合成或主题综合来评估和解释研究结果。与文献综述相比，元分析依赖于严格的纳入标准和透明的方法论，旨在提供更客观、可量化的结论，而文献综述则更侧重于叙述性分析和理论发展，可能包含主观判断，如表 1-1 所示。

**表 1-1　定量元分析、质性元分析和文献综述的区别**

| 维　　度 | 定量元分析 | 质性元分析 | 文 献 综 述 |
|---|---|---|---|
| 方法属性（What） | 定量方法，通过公开发表的定量研究准确预测因果效应 | 质性方法，通过公开发表的质性研究更科学地解释现象 | 质性方法，主观评估公开发表的研究领域的现状 |
| 方法作用（Why） | 提供变量之间确定性的因果关系，验证和发展理论 | 逼近现实地解释现象，并建构出理论 | 系统呈现研究现状，并提出未来展望，具有一定理论贡献 |
| 使用时机（When） | 定量研究领域的成果较为丰富，但存在较多矛盾结论 | 质性研究领域的成果较为丰富，但各个结论之间缺少连接和对比 | 研究领域的成果较为丰富，并且研究方向正在发生转变 |
| 研究对象（Where） | 定量研究，适用大样本 | 质性研究，包括访谈、民族志、案例研究等，适用于小样本 | 定量、质性或混合研究 |
| 实施流程（How） | 通过系统的文献检索程序，归类相似含义的概念，整合效应值验证假设 | 通过系统的文献检索程序，归类相似含义的概念，涉及重新概念化 | 根据研究需要检索文献，归类相似含义的概念，并以一定的框架总结原有结论，追求逻辑合理化 |
| 可复制性（Whether） | 可复制性强 | 可复制性较强 | 可复制性弱 |

### 1.1.3　元分析中的常见概念

在进行元分析的学术探究之前，对一系列专业术语的精确理解至关重要。

这些术语构成了元分析研究方法论的基础，并为后续的深入分析提供了必要的理论支撑。元分析主要涉及以下 5 个关键概念。

1. 效应量（effect size）

效应量是一个用来反映效果重要性的值或者说是反映两个变量之间关系的强度值，它是元分析中的项目单位。效应量大致可分为三组：相关系数（$r$）组、标准平均数（$d$）组和概率比/风险比（risk ratio）（OR）组，详见表 1-2。

**表 1-2　效应量分类**

| $r$ | $d$ | OR |
|---|---|---|
| 相关系数 | 标准平均数 | 概率比/风险比 |
| 用于回归分析 | 用于实验法 | 用于二分法的数据 |
| 例子：工作满意度与工作绩效之间的相关性系数 | 例子：一个人的业绩表现在事件发生前后的差异 | 例子：使用药物和不使用药物组生存或者死亡的概率 |

选择这些效应量指标的原因在于它们的通用性和适用性，而其他指标存在一定的局限性。例如：①$t$ 检验和 $z$ 分数与样本量有关，这可能导致在小样本研究中得出的结论被过度放大；②卡方值不提供效应大小的直接度量；③$B$ 值与其他的自变量有关，可能受到多重共线性的影响。

2. 抽样误差（sampling error）

抽样误差是抽样统计量与相应的总体参数之间的差值。它是一种随机误差，但是在元分析中，它可以被预测。抽样误差的决定因素有两个，分别是样本量大小与总体估计。当样本量无限大时，抽样误差为零，其抽样估计实际可被看作是总体参数。所以数据量大的样本所占权重应更高，因为其更接近真相。真相越显著，抽样误差也会越小。比如，打喷嚏时头会移动这种现象，这只需要调查几个人就能得到结果。但是除了以上原因外，还有一些人为因素可能会影响误差结果，如测量误差、范围限制、不完善的结构效度、转录误差等。

3. 固定效应模型（fixed effects model）和随机效应模型（random effects model）

固定效应模型假设所有效应大小之间的变化都是由于抽样误差造成的，换句话说，效果大小的不稳定性仅仅是由于主题级别的“噪声”造成的。随机效应模型假设效应大小的变化来源于抽样误差和效应在总体中的实际变异。换句话说，效应大小的不稳定性既可能由研究对象的随机“噪声”引起，也可能源于不同研究之间真实且未被测量的差异（即每项研究可能在估计略有不同的总体效应大小）。

通俗地说，当真相只有一个时，比如一个人的身高具体是多少，就用固定效应模型；反之则使用随机效应模型。实际上，在管理学的研究中较多使用的是随机效应模型。

4. 发表偏差（publication bias）

发表偏差是指在学术研究中，具有统计学显著性研究结果的研究更有可能被报告和发表，而无显著性意义或无效的结果则不太可能被报告和发表。这种偏差可能源于研究者、审稿人或编辑在选择论文发表时对研究结果的方向和强度的选择，从而使出版的过程不再是随机事件，进而压制了某些研究的发表。常用于识别发表偏差的方法有漏斗图（funnel plot）（经典漏斗图和附加轮廓线漏斗图）法、失安全系数法、剪补法、森林图法及累积森林图法。

5. 异质性（heterogeneity）

在元分析中，真实效应值的变化程度称之为异质性。对于实证研究论文，通常在讨论因果关系时由于回归样本的局限，即研究得出的因果关系可能仅是使用样本得出的结论，要尽力说明样本的一般性和代表性，使得样本更好地符合总体情况从而得出一般化的结论。现实情况是这种一般化的结论并不一定是稳定的，可能由于样本本身存在的一些特质或者是受外部的一些客观因素的干扰，从而产生与主要结论不一样的因果关系，这便是进行异质性讨论的原因，即一般的因果关系中可能包含了异质性结果，因此需要将这些异质性找出来讨论，使得研究结论更加符合现实情况。

异质性的检验是元分析中的一个关键步骤，常用的检验方法包括 $Q$ 统计量检验和 $I^2$ 统计量检验，以此来定量评估异质性的大小。$Q$ 统计量的计算如下：

$$Q=\sum_{i=1}^{k}W_i(Y_i-M)^2$$

式中，$W_i$ 为第 $i$ 个研究的权重值；$Y_i$ 为第 $i$ 个纳入研究的效应量；$M$ 为纳入研究的平均效应量；$k$ 为相应的研究数。也就是说，$Q$ 实际上是效应量的加权离均差平方和，叫作加权平方和（WSS）。

Higgins 等提出的 $I^2$ 统计量的计算如下：

$$I^2=\frac{Q-df}{Q}\times 100\%$$

式中，$df$ 为自由度；$I^2$ 随 $Q$ 的变化而变化。如果发现显著的异质性，研究者可能需要进行亚组分析或元回归（meta-regression）来探究异质性的原因，或者选择不同的元分析模型（如固定效应或随机效应模型）来处理研究间变异（between-study varience）。

如上所述，元分析作为一种系统性的研究方法，其有效性建立在对一系列专业术语的精确理解上。这些术语不仅构成了元分析方法论的基础，而且为深入分析提供了理论支撑。元分析的关键概念包括效应量、抽样误差、固定与随机效应模型、发表偏差和异质性。效应量作为元分析的基本单位，通过不同的统计指标反映研究效果的重要性。抽样误差是随机的，但在元分析中可预测，并影响数据的权重分配。固定效应模型适用于假设研究间无本质差异的情况，而随机效应模型则考虑了研究间的变异性。发表偏差是指显著性结果更可能被发表，可能导致研究结论的偏差。异质性则涉及对研究结果变异的评估，对泛化结论的稳定性至关重要。

### 1.1.4　元分析的注意事项

1. 界定清晰的概念

与其他的研究方法类似，在元分析中，研究者需要梳理研究问题中所涉及的概念并进行清晰的界定。任何社会科学中涉及的变量都以两种方式定义，即概念性定义和操作性定义。具体而言，研究者在元分析中应该注意以下两点。

第一，界定清楚概念性定义及其广度。概念性定义描述了变量的质量，这些质量独立于时间和空间，但可以用来区分与概念相关或无关的可观测的事件，如“成绩”一词的概念性定义为“一个人在学术领域的知识水平”。概念性定义的广度不同，它所涉及事件的数量也不同，如果“成绩”被定义为“通过努力或费尽心力获得的东西”，那么这个概念就比仅与学术有关的定义宽泛得多。不同的概念性定义和广度可能会得出不同的结果，因此，研究者在元分析中需要定义清楚研究问题中所涉及的不同概念及其广度。

第二，确保操作性定义准确地反映了概念性定义。清晰概念的最终参照点必须依托于可直接观测的事实和清晰的属性，尽管管理研究中相当多的概念不能依托于直接观测而是靠间接的推测性观测，但不管怎样的推测性观测，最终要归结到某些清晰的测度指标。例如，“企业创新能力”的概念总是要落实到“研发经费”“专利数”或“高级科技人员比例”等这样一些可测度的指标上来。在元分析中，为了将概念与可观测的事件联系起来，需要定义操作性变量并确保其反映了概念性定义，以契合研究者想要研究的问题。

2. 界定研究假设和研究模型

在梳理和界定了研究的相关概念后，元分析研究者需要界定研究假设和研究模型，从而将研究问题转化为可以分析量化的关系。

假设的提出需要考虑一些要求，如假设以现有理论为基础，假设必须以一定的客观事实为依据；假设需要明确表述变量之间的关系，包括清晰地界定自变量、因变量，明确因变量与自变量之间的关系；假设必须是可以验证的。一个“好”的假设应该具备以下三个条件：第一，能够表现理论或命题中预期的变量关系；第二，不应过于空泛，它必须可以进行验证；第三，尽可能简单扼要。在元分析研究提出的假设中，还需要考虑变量之间的关系是线性的还是曲线的？潜在的中介变量（mediator）、调节变量是什么？并以此构建完整的研究模型。

## 1.2 元分析的特点和优势

### 1.2.1 客观性

元分析作为一种系统性的研究方法，通过定量的统计手段，有效克服了传统定性文献综述中存在的主观性和偏见问题。它通过制定严格的文献纳入标准和系统化的操作流程，系统性地收集、整合和分析现有研究的数据，以客观的统计方法合并和分析多项独立实证研究的结果，从而避免了以往定性文献综述的主观性和研究者的个人偏见，研究结论更加客观与可靠。

元分析的客观性特点，使其在多个学科领域得到了广泛应用，包括医学、心理学、教育学、管理学等。它不仅为研究者提供了一种整合现有证据的有效工具，也为政策制定者和实践者提供了基于实证的决策支持。

### 1.2.2 高效性

元分析将已有的实证研究进行统计整合，不用再进行大样本的实证检验，节约了成本，具有高效性的优势。这种方法允许研究者在现有研究的基础上，进一步探索和验证假设，提高了研究的效率和经济性。元分析的高效性体现在几个方面：第一，它能够利用已有的研究成果，减少了对原始数据收集的需求。第二，元分析所用的主要是合并研究结果和对研究结果进行齐性检验的统计方法，这提高了统计功效，使得研究者能够检测到较小的效应量，这在单个研究中可能难以实现。第三，元分析还能够揭示研究结果的一致性和异质性，为研究领域提供更全面的视角。

元分析的高效性并不意味着它是一个简单的过程。研究者需要进行系统性的文献检索、严格纳入和排除的标准制定、数据质量评估以及复杂的统计分析。

### 1.2.3 精确性

通常情况下，单一实证研究的样本有限，很难代表整个总体，因此可能导致结论的可靠性不高。虽然增加研究的样本量可以提高可复制性，但它依然难以提供高度准确的结论，而且需要更多的研究经费支持。相比之下，元分析方法通过整合已有的实证研究数据，可以有效地提高统计结果的精确性，而不需要额外的昂贵资源支出。

元分析通过对大量研究数据的整合和分析以及规范的统计方法的应用，克服了小样本的局限性，精确性大大提高。与单个实证研究相比，基于大样本的元分析具有更高的统计效力，这使得研究者能够更准确地描述变量之间的关系。

综上所述，元分析作为一种高效的研究方法，通过整合现有研究数据，不仅节约了研究成本，而且提高了研究结论的可靠性和精确性。这种方法在学术研究中的重要性日益凸显，为研究者提供了一种强有力的工具，以便他们更全面、更深入地理解研究主题。

## 1.3 基本流程

元分析是一种系统性地整合和分析多项独立研究结果的统计方法。元分析的基本流程如图 1-1 所示。

1. 选题

什么样的题材适合作元分析？选题是元分析重要环节之一，从一定程度上来说选题直接决定了该元分析的价值。在该步骤需要自问："我想研究的概念或干预手段是什么？""怎样测量相关概念和结果变量？"通过回答这些问题，确定研究证据是否与自己感兴趣的问题或假设相关。同样，在问题形成过程中，需要决定感兴趣的是对变量进行简述，还是研究两个或多个变量之间的关系，以及此变量之间的关系在本质上是相关的还是存在因果关系的。总之，一个好的选题应立足于专业的实际情况并具有一定的指导价值。

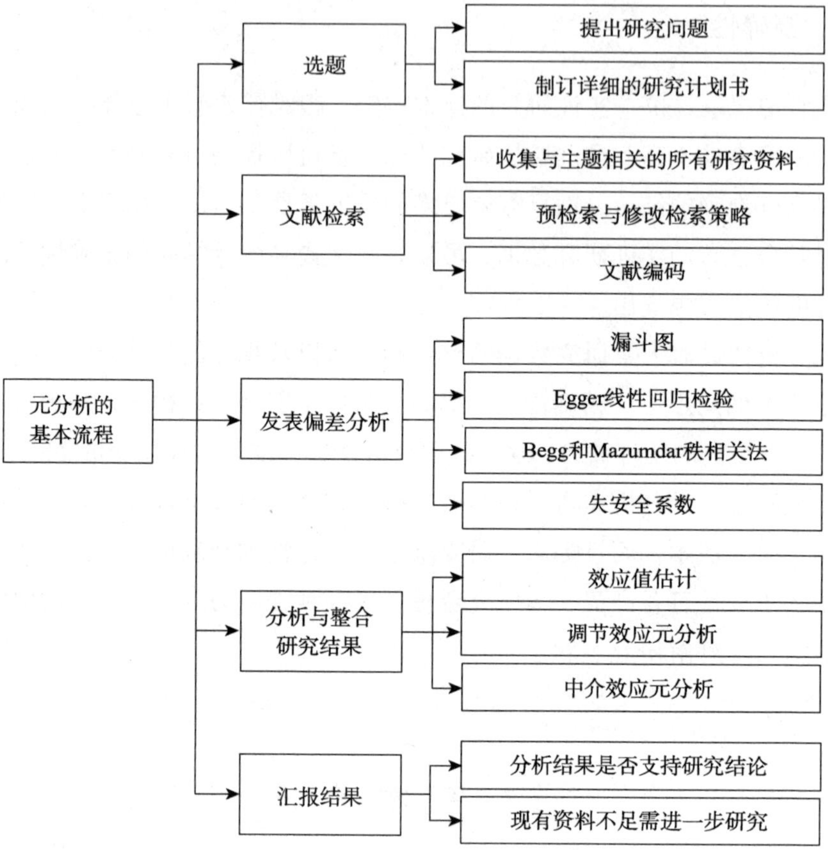


图 1-1　元分析的基本流程

第 2 章将介绍在选题阶段将会遇到的决策点。其中涉及的就是相关概念的定义范围以及所采用的操作测量方式，还涉及一手研究的设计类型及其如何与所期望的研究推论相联系。

2. 文献检索

由于元分析是对某一主题已有的研究进行综合分析，所以尽可能全面、系统地收集相关文献是进行文献检索的基本原则。文献检索阶段包括对研究目标元素总体的选择。在一手社会科学研究中，研究目标通常包括个体或群体。在研究综述中，由于要对两个目标进行推论，确定目标群体则相对复杂。首先，累积的结果要能够反映之前关于该研究主题的所有研究结果。其次，所收集的研究文献能一般化到该研究主题领域的个体或群体。

之后，需要对文献进行编码。研究编码阶段要求研究者考虑他们想从每个研究中收集什么信息，数据收集工具包括问卷调查、行为观察和（或）生理测量。在研究综合中，数据收集工具则涉及所确定的、与研究问题相关的信息。这些信息不仅包括与理论或实际问题相关的研究特征，即自变量和因变量的性质，还包括研究进行的方式，研究的设计、实施和研究的统计结果。在这个阶段，研究者除了要明确收集何种信息并给出该信息清晰的定义外，还需要开发一个培训信息收集人员的标准流程，确保他们能以可靠、易解释的方式收集信息。

第3章将探讨文献的定位检索策略与方法、文献检索步骤，以及社会科学家可获得的文献资料源清单，讨论如何获取和使用关键的信息源，以及每个资料源中包含的信息可能存在哪些偏差。同时，第3章还将提供一些信息收集的具体建议，帮助研究者从与研究主题相关的实证研究中收集必要的信息，并介绍所需采取的步骤以更好地培训研究编码人员。

3. 发表偏差分析

发表偏差是元分析最常见的系统误差。因为阳性结果比阴性结果更容易发表，所以形成了为数不少的“抽屉文件”，此时再根据发表文献所做的综合分析就有可能会歪曲真实效应。因此，在收集信息后，研究者需要对所收集数据的“质量”或其与研究问题的相关性做出关键的判断。而研究综合者需要对被整合的文章的研究方法进行讨论，确定其收集数据的方式是否适用于解决手头的研究问题。

第2章将讨论研究设计（例如，关联或因果）如何对应研究中出现的不同问题，第4章则将讨论如何分析存在的发表偏差，并就发表偏差校正与预防提出一些方法。

4. 分析与整合研究成果

在数据分析过程中，研究者将收集到的各个独立数据点进行汇总，整合成一个整体。数据分析要求研究者将系统的数据模式与“噪声”（或随机波动）

区分开来。在一手研究和研究综合中，这一过程通常与统计程序的应用有关，其中可能会涉及效应值的估计、调节效应与中介效应等统计问题。

第 5～7 章将阐释一些整合独立研究结果的方法及元分析方法。此外，还将展示调节效应与中介效应的操作方法。

5. 汇报结果

研究者需要解释累积的证据，并确定从数据中得出的结论。这些结论包括相关关系是否得到数据的支持，以及这种关系的确定性程度。此外，结论还涉及研究发现对不同类型的样本、处理方法、结果和情境的普适性或特殊性。最后，撰写一篇描述这些结果的论文是研究工作的最后任务。

第 8 章将列举一些对研究综合做出断定时应遵循的决策规则；而且，还将提供关于如何进行研究综合的其他 6 个阶段的说明以及报告所需信息的具体准则。

# / 第 2 章 /

# 元分析的适用情境

任何研究工具都有其适用条件，元分析也不例外，其在应用过程中亦伴随着诸多挑战。在深入探讨其具体应用与策略之前，我们有必要先对元分析适用的研究问题和不适用的研究问题进行前期说明。

本章将从选题角度出发，分析哪些研究问题适合采用元分析方法进行探索，以及哪些情况下应避免使用元分析。通过理论讲解加具体论文的剖析，我们将展示元分析在实际应用中的独特价值、潜在局限与注意事项。

（1）我们将聚焦于“适合的选题”，详细阐述理论导向型和方法导向型两类适合采用元分析的研究问题。在理论导向型部分，我们将探讨理论验证类、理论拓展类和自由探索类研究问题如何通过元分析实现理论的深化与创新；而在方法导向型部分，我们则将关注如何通过元分析比较不同研究方法间的差异，以及进行纯粹的方法整合研究。

（2）我们将关注“不适合的选题”。由于数据的质量和数量、模型的复杂度，元分析的可信度与实用性很可能大打折扣。此外，发表偏差作为科学研究中的普遍现象，也会对元分析的结果产生不可忽视的影响。因此，研究者在设计元分析时，必须权衡模型的复杂性与数据的可用性，确保研究的可行性与结果的可靠性。

通过这一系列的分析与讨论，我们期望能够为研究者提供一份全面而实用的指南，帮助他们在面对纷繁复杂的研究问题时，能够准确地判断何时、何地以及如何运用元分析这一强大的研究工具，从而推动组织与管理研究的不断前进与发展。

## 2.1 适合的选题

### 2.1.1 理论导向型

研究者可以利用元分析来检验已有理论，也可以通过元分析来拓展已有理论或者探索新的研究主题。

1. 理论验证类研究问题

在研究者围绕一个理论或构念开展大量实证研究之后，可以利用元分析的方法来检验已有研究结果与相关理论的匹配程度，这就是典型的理论验证类元分析。这类元分析通常旨在探索核心研究构念的前因（antecedents）与后果（consequences），也可以比较元分析结果与最初理论模型的吻合程度。当一个新构念或者新理论诞生若干年后，理论和构念的创建者或者其他学者总会对该主题进行较为全面的元分析，并为未来研究指明新方向。

理论验证类元分析是连接理论与实证研究的桥梁，它不仅验证了理论的现有形态，而且推动了理论的发展和创新。通过这种综合性的分析方法，研究者能够更深入地理解理论在不同情境下的表现，并为未来的研究提供明确的方向和新的研究问题。随着研究领域的不断演进，理论验证类元分析将继续成为理论发展和知识积累的重要工具。

如范哲、张伟通过对影响知识型虚拟社区用户分享行为的因素开展元分析，验证了“角色理论”对用户分享行为的影响显著。他们采用元分析方法，以现有研究中验证的与知识型虚拟社区用户分享行为显著相关的各影响因素为自变量，以用户分享行为为因变量，对筛选后得到的 40 篇国内外相关实证研究文献进行综合分析。除共同语言和共同愿景两个影响因素外，角色身份、角色共识和角色预期 3 个维度的相关因素均显著影响知识型虚拟社区中用户的分享行为，具体而言，共有 14 个影响因素与知识型虚拟社区用户分享行为显著相关，其中感知满意相关程度最强，结果期望最弱。

如朱永跃等通过对领导风格与员工建言行为关系进行元分析，验证了“领导风格—建言行为”关系理论。其研究结果表明：领导风格是影响员工建言行为的关键变量，不同变量对员工建言行为的影响效应存在差异。包容型领导、变革型领导和服务型领导对集体主义倾向的员工的建言行为影响力更高；包容型领导、服务型领导和威权型领导的测量方式对员工建言行为的调节效应更为显著，建言行为测量工具仅在伦理型领导与员工建言行为的关系中发挥调节作用；谦逊型领导、真实型领导在自评情境下对员工建言行为的提升贡献力更大，领导—成员交换在自评情境下的影响效应也更为显著；包容型领导、谦逊型领导、真实型领导在多时点下对员工建言行为的调节效应显著低于单时点，领导—成员交换在单时点下对员工建言行为的调节效应更为显著。

2. 理论拓展类研究问题

组织与管理研究中的实证结果往往会表现出较大的异质性。研究者需要通过权变的思维来辩证地看待两个变量之间的关系，通过理论拓展或者理论整合来调和以往研究结果的不一致。研究者可以通过调节变量，两个变量发生关联的中间机制（即中介变量），双变量之间是否存在非线性关系（如 U 形或者倒 U 形关系），甚至是多变量之间的复杂关系来进行理论拓展。

理论拓展类研究问题要求研究者通过不断的理论整合和拓展，以及对调节变量、中介变量和非线性关系的深入分析来应对组织与管理研究中的异质性。这种理论工作不仅有助于提高理论的解释力和适用性，而且促进了学术领域内知识的累积和发展。随着研究者对复杂现象理解的加深，理论拓展类研究问题将继续作为推动理论进步和创新的关键动力。

如朱少东等通过对财政分权与环境污染进行元分析，发现财政分权总体上对环境污染具有显著的加剧作用，并探讨了造成目前实证文献结论不一致的主要原因，对以往环境联邦主义、新结构环境经济学等理论进行了回应，证明了这些理论对财政分权和环境质量之间的关系都有一定的解释力，但也都不能解释全部。并对未来的研究提出了慎重选择分权的测量指标、加强对二次项和内生性的处理等建议。

如姜忠辉等通过对孵化器等孵化企业社会资本对企业绩效的元分析研究，发现孵化企业可以显著正向促进企业绩效。首先，此研究拓展了现有文献关于孵化器内在孵企业社会资本效用的认知；其次，还丰富了孵化器内在孵企业社会资本对企业绩效作用机制的研究，验证了社会资本—知识资源获取—企业绩效的元分析理论框架，并识别了东西方文化在社会资本与知识资源获取之间关系的调节作用；最后，他们识别了孵化器产权性质以及政府治理水平对在孵企业社会资本与企业绩效的调节作用，揭示了在孵企业社会资本对企业绩效发挥作用的边界条件，解释了以往研究对在孵企业社会资本和企业绩效的相关关系结论不一致的现象。

3. 自由探索类研究问题

调查类研究和二手数据类研究通常都提供了相关矩阵的数据，其中涉及大量的非核心变量——控制变量。这为研究者开展探索性研究提供了大量的原始素材。比如，Humphreys 和 Berry 讨论了在大数据时代，如何通过探索性数据分析来发现新的研究洞见和潜在的理论构建。

自由探索类研究问题的标准包括：数据来源广泛且多样，这些数据不仅仅关注核心变量，通常还包含大量的非核心变量，涉及多个变量的关联和互动分析，提供了丰富的探索空间；在开始时通常没有预设，而是通过数据探索来发现潜在的关系和机制，通过对数据的深入挖掘，提出新的研究问题或理论框架。自由探索类研究问题为研究带来了新的视角和机会。通过利用调查和二手数据中的非核心变量，研究者能够进行更深入的数据探索，发现新的知识和理论。这种方法不仅促进了对现有数据的充分利用，而且为研究领域带来了创新和新的研究方向。

在科学研究中，元分析方法能够用来处理自由探索类研究问题。对于那些难以基于现有理论提出明确假设的议题和一些方法类议题等，元分析提供了一种灵活的研究途径。此时研究者可以直接抛出自己的研究问题，并通过探索性的数据分析来解答研究者心中的疑惑。

如郑迪文等基于 1990—2021 年 32 篇文献的 37 个独立效应值，结合技术创新长波理论框架，综合运用元分析技术归纳识别出数字技术对产业变革的影响机制。元分析结果表明，数字技术通过金融因素、创新因素、绩效因素、生产运作因素、就业因素、劳动力状况因素、政策因素 7 种作用机制对产业变革产生显著影响；与数字技术影响产业变革高度相关的具体机制维度要素包括技术创新能力、就业信息、代际差异、触网程度、就业质量、城乡收入、制度文化异质性、全要素生产率、要素错配；无论异质性程度如何，数字技术对产业变革影响的主效应与各影响机制的调节效应均显著相关。

如马鸿佳等通过对涵盖 24 个不同国家和地区的 107 篇实证研究文献、47371 个独立样本进行元分析研究，归纳和识别大数据能力的影响因素及其效用，并进一步探究影响异质性的调节变量。研究发现：①动态能力理论和资源基础观是大数据能力在实证研究中最为常用的理论，企业数字化转型与数字创业是大数据能力的重点研究对象。②显著影响大数据能力的因素包括技术、组织、环境 3 个类别的 18 个前因变量；大数据能力显著影响战略行为、能力、结果等多个方面的 8 个结果变量。③与大数据能力高度相关的前因有 IT 能力、组织变革准备、感知收益、外部支持，与大数据能力高度相关的结果包括创新、决策质量、知识管理、组织能力。④通过亚组分析发现，大数据能力维度、不确定性规避文化和国家经济体是有效降低变量间异质性的重要变量，共有 17 组变量的异质性得到了有效降低，7 组变量异质性尚无法得到有效解决。研究结果对未来深化纵向研究和情境化研究具有启发意义，对企业构建和应用大数据能力具有实践意义。

如张兴贵等人在关于高绩效工作系统与员工幸福感的元分析中，其并未根据理论提出明确的假设，而是试图通过元分析检验文化和行业这两个调节变量会如何影响变量间关系。

### 2.1.2 方法导向型

研究者可以利用元分析来比较不同理论之间的研究方法差异，也可以通过元分析来对不同研究方法的效度差异进行比较。

1. 比较理论的研究方法差异

在实证研究中，研究方法部分是大多数研究者都会详细报告的部分，其中涉及很多可以编码为情境变量的信息，这为研究者开展不同情境间的比较提供了便利。常见的研究样本特征包括研究设计（如实验研究、调查研究）、变量测量方式（如客观测量、主观测量）、文献类型（如期刊、会议、学位论文、工作论文）、发表时间、样本回收率、所属行业、所属国家等。

通过细致地分析研究方法中的情境变量，研究者能够更全面地理解不同研究间的比较结果。这种方法差异的比较不仅有助于识别研究结果的一致性和异质性，而且为理论的进一步发展和完善提供了实证基础。随着研究方法的不断革新，还有研究情境的多样化，对这些差异的深入理解将变得更加重要。

如吴佳桧、傅海伦的研究提出成就目标定向是影响学生学业成绩的重要因素，诸多研究探讨了成就目标定向与学业成绩之间的内在联系，但二者之间相关性的大小、中介和调节机制仍存有争议。因此当前研究采用元分析方法检验效应量的可靠性、自我效能感和学习投入的中介效应以及一系列调节效应。研究共纳入符合要求的原始文献 67 篇，含 206 个效应量。结果发现：①掌握接近目标和表现接近目标与学业成绩呈显著正相关，而掌握回避目标和表现回避目标与学业成绩呈显著负相关，且各指标与学业成绩存在稳健的弱相关。②成就目标定向与学业成绩的关系受到年龄阶段、测量工具的影响，不受性别比例、成绩类型的调节。③自我效能感和学习投入在成就目标定向对学业成绩影响中发挥着中介作用，但学习投入的中介作用只存在于中学组，在大学组学习投入的中介作用不显著。

### 2. 比较不同研究方法的效度差异

元分析还可以进行纯粹的方法整合研究。比如，利用元分析的方法来比较单题项测量与多题项测量的聚合效度、辨别效度及效标关联效度的差异。

聚合效度是指如果两个测验是测量同一特质的，即使使用不同的方法进行测量，它们之间的相关也应该是高的。通过元分析，研究者可以评估单题项和多题项测量在不同研究中对于同一概念的测量效果是否一致。辨别效度是指如果两个测验测量的是不同的特质，即使使用相同的方法进行测量，它们之间的相关也应该是低的。元分析可以用来比较单题项和多题项测量在区分相关但不同概念方面的表现。效标关联效度是指测评分数对个体的效标行为表现进行预测的有效性程度。元分析可以帮助研究者了解不同测量方法在预测或解释外部效标方面的能力。

如马鸿佳、王春蕾通过对 73 篇实证文章中的 74 个独立研究、20599 个样本进行元分析，探究了数字化能力对企业绩效的影响及其边界条件。研究得出以下结论：①数字化能力与企业绩效中度正相关（$r = 0.460$，$0.3 \leqslant r < 0.5$）。②不控制绩效数据来源时，与使用财务指标相比，使用非财务指标测量企业绩效时数字化能力对企业绩效的正向影响更大，但控制绩效数据来源后组间差异不再显著；不控制绩效测量指标时，与使用档案数据度量企业绩效相比，使用问卷数据度量企业绩效时数字化能力对企业绩效的正向影响更大，但控制绩效测量指标后组间差异不再显著。数字化能力作为动态能力时以及作为运营能力时对企业绩效均有正向影响，但二者差异并不显著。③与大型企业相比，数字化能力对小型企业绩效的正向影响更大。与成熟企业相比，数字化能力对新创企业绩效的正向影响更大。④与发达经济体的企业相比，数字化能力对新兴经济体企业绩效的正向影响更大，但该观点仅得到部分支持。高权力距离、低个体主义、高阳刚性、高长期导向的国家文化背景下数字化能力对企业绩效的促进作用更强，而低不确定性规避的国家文化背景下数字化能力对企业绩效的促进作用更强这一结论仅得到部分支持。

## 2.2 不适合的选题

### 2.2.1 实证研究数量过少

Valentine 等认为元分析是对以往实证文献的定量整合，因此元分析对整合文献的数量有一定的要求。从理论上来讲，只要有两篇实证文献，就可以开展元分析，但对于一个高质量的组织与管理领域的元分析而言，需要整合的文献数量要远远高于这个标准。比如，国内学者郭春彦等通过计算机仿真方法检验了样本数与元分析结果准确性、可靠性和一致性的关系，结果发现元分析的抽样样本数应当在 30 篇以上，理想的选择样本数应当在 70 篇以上。此外，王永贵和张言彩对国内外经济管理领域 1990—2010 年发表的元分析论文进行统计分析，结果发现绝大多数元分析论文所包含的样本数在 30 篇以上，这与郭春彦等的计算机仿真结果是较为一致的。

综上，元分析的文献数量对其结果的可信度具有重要影响。当某个领域实证研究数量过少时，研究者开展元分析的结果的可信度可能较低。因此，研究者在开展元分析时，应当尽可能地收集和整合足够数量的文献，以确保研究结果的科学性和有效性。

### 2.2.2 无法提取合适效应值

效应值是展开元分析的基础数据，如果无法提取合适的效应值，那么元分析也就无从开展。无法提取合适效应值的原因有很多，归结起来主要有以下两个：一是很少有实证研究关注目标研究问题，或者有研究关注但这些研究多是定性研究（如案例研究、扎根理论研究）或者是定性综述。显然，定性研究和定性综述很难提取到合适的效应值数据。二是有很多实证研究关注目标研究问题，但是这些研究并没有报告能够转化为效应值的统计量。比如，调查研究或者二手数据研究缺少相关矩阵、实验研究缺少转换为相关系数的均值和标准差。

因此，为了成功开展元分析，研究者需要获取和识别能够提供足够统计信息的实证研究，以便准确计算效应值。这要求研究者在文献检索和筛选过程中具有高度的警觉性和专业知识，以确保所选的研究统计数据能够满足元分析的需求。此外，研究者可能需要与原始研究的作者联系，获取缺失的数据或寻求替代的统计方法来估计效应值。

### 2.2.3　研究模型过于复杂

元分析作为一种研究方法，其复杂性可以根据分析目标和所涉及的变量关系进行分类。最简单的元分析通常被用来检验双变量之间的线性关系（主效应）。这种类型的元分析因其直接性和易于操作而被研究者广泛采用。复杂些的元分析往往用来识别双变量关系中的中介变量、调节变量或者曲线效应，再复杂一些的元分析可能会通过结构方程模型（SEM）来识别多变量之间的关系。由于元分析本质上是一种二手数据分析方法，模型越复杂，涉及的变量关系也越多，而已有的实证研究数据可能满足不了研究者的需要，从而影响元分析的可实施性。根据作者的经验，研究模型越简单，元分析的可实施性越高；研究模型越复杂，元分析的可实施性越低。

元分析的可实施性与研究模型的复杂性成反比。研究者在设计元分析时，需要权衡模型的复杂性和数据的可用性，以确保研究的可行性和结果的可靠性。在实际操作中，研究者可能需要对模型进行简化或寻找创造性的方法来处理数据不足的问题，以提高元分析的可实施性。

### 2.2.4　存在发表偏差

Dickersin 等的研究指出，显著的实验结果被发表的概率是不显著结果的 3 倍，这可能导致纳入分析的实证研究结果是存在偏差的。《自然》杂志曾针对

1500 余名科学家开展调查，结果显示，实验结果不可复制是科学研究领域的一个常态。在化学、生物学、物理学、工程学、医学、地球与环境科学等领域，近七成的科学家表示曾经有无法复制他人实验结果的经历，且有一半的科学家表示曾经有无法复制自己实验结果的经历。然而，在现实中，识别有偏差的实证研究往往是非常困难的。尽管有很多方法可以辅助检验发表偏差问题的严重程度，但也不可能完全消除发表偏差的问题，这也是元分析遭到一些研究者批判的重要原因之一。虽然发表偏差问题往往在数据分析阶段才能够被识别，但当某一研究主题过分集中于少数研究者时，就需要引起研究者的高度重视。

因此，在开展元分析前，研究者需要审视以上几方面的问题，判断自己的研究领域是否适合用元分析的方法来进行定量文献分析。

# / 第 3 章 /

# 文献检索与编码

文献是进行定量元分析研究的基础，文献检索与编码是构建定量元分析样本基础的重要手段。通过文献检索与编码，研究者可以从广泛的学术资源中精确筛选出符合研究需求的文献并对其进行系统编码，以此作为后续定量研究准确、可靠的数据支持。

首先，文献检索需要确定与研究问题契合且全面的检索词，并根据研究领域和需要检索的资源类型选择最合适的数据库集进行检索。其次，文献的筛选标准是确保研究质量的关键，研究者需根据研究主题的需求确立期刊的质量标准，规定文献的时间范围，并确保所选文献中的效应值具有可提取性，以确保所纳入的文献能充分响应研究问题的底层数据需求。最后，对符合筛选条件的文献进行编码，将文献中的研究设计、样本特征、效应值等信息转化为可用于统计分析的数据。研究者需要制定详尽的编码手册，明确编码规则和标准，将不同研究中的测量结果统一化，对编码者进行培训并预编码，以确保信息的准确性、一致性和标准化。

本章将详细阐述这些环节的具体操作和策略，为研究者提供实用的指导和参考。通过系统化的文献检索与编码，我们能够更有效地整合和分析研究数据，从而提供可靠的研究成果。

# 3.1 文献检索方式

## 3.1.1 确定关键词及其组合

由于元分析需要从实证研究中提取效应值等数据，因此，研究者需要查询各种数据库来检索自己需要的文献。大多数读者首先想到的肯定是“关键词”检索。在学术研究中，对于同一现象，往往有很多种不同的表达；对于一些英文构念，也存在很多种不同的译法。这给通过关键词检索相关文献带来了一定的挑战，也需要研究者制定合理的关键词检索标准。比如，当某位研究者对薪酬差距研究比较感兴趣，他可能会首先发现英文中代表“薪酬”的词汇有 pay、income、wage 等，而中文中代表“薪酬”的词汇有“薪酬”“工资”“收入”“薪水”等不同的表达；随后他可能会进一步发现“差距”一词在中英文当中可能也会存在不同的表达，如西方研究者会用 dispersion、gap、disparity、variance、difference 等词代表差距，而中国学者则可能会将 inequality 翻译为“差距”“差异”“不平等”等。那么，该研究者在检索薪酬差距文献时，需要将这些词依次组合，才可能找到尽可能多的文献。在通过关键词检索文献时，研究者应采取多种方法，将所有可能的组合都要尝试检索一遍。这种方法虽然比较烦琐，但也能够降低研究者遗漏重要文献的概率。

另外，在检索数据库时，为了提高检索效率，可以使用布尔逻辑运算式，即 AND、OR、NOT，如图 3-1 所示。

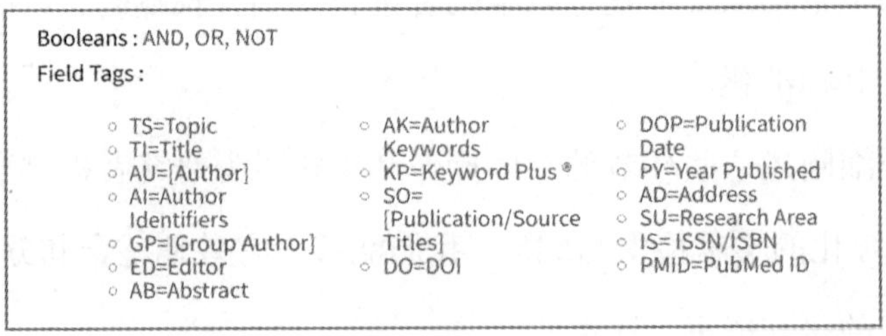


图 3-1 Web of Science 检索说明

例如，当想要检索以 dispersion 表示差距的所有薪酬差距的英文表达时，存在三种情况，即 pay dispersion、income dispersion、wage dispersion，可以看到 dispersion 是三种情况的共同项，可以用 AND 与 pay、income、wage 取交集；而 pay、income、wage 之间是“或”的关系，是取并集，在 Web of Science 中可用“+”表示并集（不同数据库的并集表示方法不同，此处以 Web of Science 为例），因此，以 dispersion 表示差距的所有薪酬差距的英文检索式如图 3-2 所示。

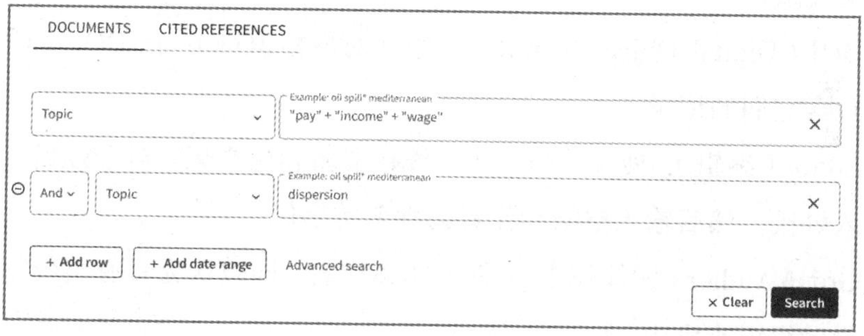


图 3-2　Web of Science 检索示例

搜索精度与选择的字段标签有关，以 Web of Science 为例，可选择的字段标签有：Topic、Title、Author、Publication/Source Titles、Year Published、Publication Date、Abstract、Address、Author Identifiers、DOI、Editor、Group Author 等。

- Topic（主题）：搜索标题、摘要和索引。
- Title（标题）：搜索期刊文章、论文集、书籍、书籍章节、软件数据集的标题。注意，若要搜索期刊的标题，请选择“出版物标题”字段。
- Author（作者）：搜索以下字段 Authors 和 Group Author。对于作者，首先输入姓氏，然后输入空格和作者的首字母缩写。
- Publication/Source Titles（出版物/来源标题）：搜索期刊标题、书名、论文集标题、数据存储库等。也称为“源标题（Source Titles）”。
- Year Published（出版年份）：搜索出版年份字段，可以搜索单个年份或一系列年份。

- Publication Date（出版日期）：搜索发布日期字段。月份和日期是可选的，表示筛选出在/不在两个日期之间（从日期 1 到日期 2）的文献。
- Abstract（摘要）：搜索摘要字段。
- Address（地址）：从作者的地址中搜索“地址”字段，查找机构的全名、部分名称、位置。
- Author Identifiers（作者标识符）：搜索 Web of Science Researcher ID 和 ORCID ID 字段。通过搜索作者标识符，可以检索到与作者标识符关联的文献。
- DOI（Digital Object Identifier，数字对象标识符）：在 DOI 字段中搜索包含它们的记录。
- Editor（编辑）：搜索编辑，通常查找书籍和论文集。对于姓名，首先输入姓氏，然后输入空格和作者的姓名首字母。
- Group Author（团体作者）：搜索团体作者，即被认为具有出版物作者身份的组织或机构。

为了防止研究者检索文献时存在个人偏好，导致文献检索不充分，研究者需要制定严格的关键词筛选标准，并要求多名研究者在同一标准的要求下同时检索文献，从而最大限度增加检索到的文献数量。此外，研究者还可以从检索到的实证论文的参考文献中逐条检查是否遗漏了重要的参考文献，并思考出现遗漏的原因，进而改进此前制定的筛选标准。

### 3.1.2 检索数据库

要进行一次成功的元分析，首先需要对相关文献进行全面而精确的检索。这一过程不仅要求研究者具备深厚的专业知识，还需要对各种数据库的特点和检索技巧有充分的了解。根据研究领域和需要检索的资源类型，选择最合适的数据库进行检索。

数据库作为存储、检索和传播知识的重要平台，其选择直接影响元分析的广度和深度。管理学研究者通常需要依赖多个电子数据库来广泛收集已发布的学术论文、会议记录、博士论文等。不同的数据库有着不同的学科覆盖范围、文献类型、检索工具和用户界面。研究者需要考虑多个因素，包括数据库的学科覆盖范围、检索工具的灵活性、更新频率，以及对特定研究问题的相关程度，以确保检索结果的准确性和全面性。因此在进行文献检索之前，学者应明确不同数据库的特点与侧重，以构建坚实的文献基础，管理学领域常见的数据库见表3-1。

**表3-1 管理学领域常见的数据库**

| 数据库大类 | 文献数据库名称 | 简 介 |
|---|---|---|
| 英文数据库 | Web of Science | SSCI、SCI检索期刊、CPCI会议论文 |
| | Scopus | 全球最大的文摘和索引数据库之一 |
| | AOM数据库 | 美国管理学会官方数据库 |
| | ProQuest | 包括ABI/INFORM商业信息数据库、PQDT博硕论文全文数据库 |
| | EBSCO | 旗下的BSP子库及PsycArticles子库涵盖了众多管理学和心理学期刊 |
| | Elsevier ScienceDirect | 荷兰爱思唯尔出版集团全文数据库 |
| | Emerald | 英国Emerald出版集团全文数据库 |
| | INFORMS | 运筹学和管理学研究协会全文数据库 |
| | JSTOR | 全球最大的过刊数据库 |
| | Oxford Jounals | 牛津电子期刊全文数据库 |
| | Annual Reviews | 高水平综述期刊数据库 |
| | Sage | 英国Sage Publications出版公司全文数据库 |
| | Springer | 德国施普林格出版集团全文数据库 |
| | Taylor & Francis | 英国泰勒–弗朗西斯出版集团全文数据库 |
| | Wiley | 美国Wiley出版集团全文数据库 |
| | ResearchGate | 科研社交平台 |
| | SSRN | 社会科学领域在线论文和预印本论文开放获取平台 |
| | 谷歌学术（Google Scholar） | 谷歌旗下的学术搜索引擎 |
| 中文数据库 | 中国知网（CNKI） | 中国知网期刊、会议和博硕论文数据库 |
| | 万方数据 | 万方期刊、会议和博硕论文数据库 |
| | 维普 | 维普期刊论文数据库 |
| | 中国社会科学引文索引（CSSCI） | 主要收录中文社会科学核心期刊论文 |

1. 外文数据库

（1）Web of Science。Web of Science 是由 Clarivate Analytics 提供的全球综合性的学术引文数据库，它通过提供广泛的学科覆盖、强大的检索功能、深入的引文分析和丰富的分析工具，极大地促进了学术研究和知识传播。作为一个高度整合的研究平台，它覆盖自然科学、社会科学、艺术和人文科学等领域，Web of Science 为学术研究者提供了包括期刊文章、会议论文、报告等多种文献类型，SCI、SSCI、CPCI 会议论文等多种论文等级的索引，并能追踪这些文献的引用情况。Web of Science 的高级搜索工具允许用户通过多种方式进行文献检索，如关键词、作者、出版日期、研究领域、年份、作者国籍、论文类型等，且搜索结果可以便捷地进行排序和筛选，它还内置了一系列分析工具，包括研究领域分析、引文分析、作者分析等，这些工具帮助用户深入理解研究趋势、学术网络和个人或团队的学术贡献。

Web of Science 的显著优势在于其独特的引用索引系统。这一系统允许研究者不仅能找到特定文章的详细信息，还能看到该文章被哪些后续研究引用，从而追踪研究话题的发展趋势和影响力。这种引用分析功能，使得 Web of Science 成为进行科研趋势分析和学术影响评估的强有力工具。Web of Science 的影响因子（Impact Factor，IF）现已成为国际上通用的期刊评价指标，它不仅是一种测度期刊有用性和显示度的指标，而且也是测度期刊的学术水平，乃至论文质量的重要指标。此外，每种收录在 Web of Science 中的期刊都必须经过严格的评审流程，这一过程考察期刊的影响因子、出版标准和编辑质量等多个方面。这确保了数据库中信息的高质量和可靠性，为研究者提供了高水平的学术资源。

（2）Scopus。Scopus 是由 Elsevier 出版社运营的一款全球领先的同行评审文献摘要和引用数据库，广泛用于科学、技术、医学、社会科学以及艺术和人文科学领域。作为全球最大的同行评审的文献综合数据库之一，Scopus 特别以其广泛的期刊覆盖范围和先进的引文分析工具著称。该数据库涵盖了超过 770

万篇文献和2.4万种期刊，包括免费获取期刊、会议论文、书籍章节和专利，为研究者提供丰富的学术资源。Scopus还提供Author Identifiers功能，可以准确追踪单个作者的发表记录和被引用情况，这对于学术评估和研究者寻找合作伙伴非常有帮助。Scopus还支持研究趋势和研究关联性分析，帮助研究者探索科学发展前沿，识别研究热点和潜在的研究空白。Scopus以引用分CiteScore这个期刊影响力指标帮助使用者了解并评估期刊的影响力。CiteScore以三年区间为基准来计算每本期刊的平均被引用次数，并提供期刊领域排名、期刊分区的相关信息且每月更新，可作为科研人员判断期刊影响力的有力参考。

（3）AOM数据库。AOM数据库是由全球领先的管理学专业组织——美国管理学会（Academy of Management，AOM）搭建并收录研究成果的综合性平台，该平台提供访问各种管理学领域的研究资源，包括组织行为、战略管理、人力资源管理和企业社会责任等。数据库收录了来自AOM出版的所有期刊的文章，如在学术界享有极高声誉的《管理学院学报》（*Academy of Management Journal*）、《美国管理学会评论》（*Academy of Management Review*）、《学习与教育学院学报》（*Academy of Management Learning & Education*）等，不仅如此，数据库还包括AOM年度会议、其他相关会议和研讨会的论文，反映管理学领域的最新研究动态和学术讨论情况。

（4）EBSCO。EBSCO是一家全球领先的图书馆资源供应商，提供的EBSCOhost数据库是学术和研究机构中广泛使用的主要电子资源平台之一。这个平台整合了各种类型的全文数据库和其他资源，包括期刊文章、电子书、杂志、报纸、会议论文以及其他学术和非学术内容。EBSCO数据库特别强调多学科的内容覆盖，涵盖从医学、工程学、社会科学到人文学科等广泛领域，适应各种研究需求。例如，在管理学科方面，EBSCO提供了Business Source Complete、Business Source Ultimate、EconLit with Full Text和BSU等子数据库，涵盖市场营销、管理学、会计、银行、金融等所有商科领域的高质量全文内容和同行评审的期刊文章、商业相关资源（包括全文期刊、公司概况、案例研究、行业报告、市场研究报告）、书籍、企业公司档案、国家经济报告、行业报告、案例研究、市场研究报告等。EBSCO 通过提供高质量的学术内容、先进的检索工具和个性化服务，支持了全球的研究者、教育工作者和学生在知识探索和学术成就上的需求。

（5）Elsevier ScienceDirect。Elsevier ScienceDirect 是世界领先的科学、技术和医学领域的全文数据库，为研究者提供直接访问数千种期刊和书籍的能力。该平台拥有超过 1600 万篇文章和章节，覆盖超过 2500 种权威期刊，涵盖了物理科学与工程、生命科学、健康科学以及社会科学与人文等领域，在管理学领域，Elsevier ScienceDirect 还出版了 *Journal of Business Venturing* 等高影响因子期刊。Elsevier ScienceDirect 提供的内容全部经过同行评审，保证了提供给用户的研究成果的质量和可靠性。它支持研究者通过直接访问最新的研究文章的方式来保持其网内内容在各自领域是最前沿的，同时也可以访问到大量的存档内容，为历史研究或文献回顾提供便利。Elsevier ScienceDirect 以其内容的广度和深度在全球科研数据库中占据着举足轻重的地位，是推动全球科学发展和技术创新的重要力量。无论是学术研究、技术开发还是政策制定，Elsevier ScienceDirect 都提供了必不可少的、高质量的科研资料支持。

（6）Emerald 数据库。Emerald 数据库是一个专注于管理、商业和社会科学领域的重要学术资源，由 Emerald Group Publishing 提供。Emerald 出版的作品包括超过 300 种期刊和近 2000 本书籍，涵盖了包括会计、经济学、教育、财务、医疗卫生管理、人力资源、信息管理、市场营销、运营管理和组织研究等多个领域。数据库收录了大量的学术期刊、书籍、会议论文和案例研究，覆盖了从理论研究到实践应用的广泛主题。对实用性研究的强调是其核心优势，数据库提供了大量的案例研究、实证研究和应用研究，这些都是支持学术界和实务界解决实际问题的宝贵资源。Emerald 数据库中的许多期刊被国际认可的评估体系如 Scopus 和 Web of Science 收录，标志着其出版质量和学术影响力达到国际高标准。另外，Emerald 在可持续发展和社会责任等新兴领域的研究上也具有深厚的积累，反映了其对当前全球挑战的关注和对创新研究主题的前瞻性。

（7）INFORMS 数据库。INFORMS 数据库是由美国运筹学和管理科学学会（INFORMS）提供的专注于运筹学、管理科学和分析领域的核心学术资源库。这一数据库聚集了 INFORMS 出版的高质量期刊，如 *Operations Research*、*Management Science*、*Information Systems Research* 等，这些期刊在学术界享有极高的声誉，并在全球学术和实践领域中具有广泛的影响力。其发表的期刊文章通常涉及复杂的理论模型、算法开发和实证分析，为运筹学和管理科学的研究提供了严密的科学依据和方法论支持。INFORMS 数据库还体现其跨学科的特点，数据库中的研究不限于传统的运筹学和管理科学，还广泛涉及统计学、经济学、计算机科学、工程学等相关领域，反映了这些学科在解决现实世界复杂问题中的综合应用。INFORMS 数据库是运筹学和管理科学领域内不可或缺的研究资源。它通过提供高质量的学术期刊和实证研究，为全球的学者、决策者和实践者提供了宝贵的信息和知识，支持了科学研究和实际应用的深度融合。

（8）JSTOR。JSTOR 是一个极具影响力的数字化学术资源库，数据库以其收录的历史深度著称。JSTOR 提供从 18 世纪到当前的学术期刊文章、书籍以及主要来源资料。它不仅保存了许多珍贵的早期期刊和罕见文献，而且通过持续的数字化进程，确保这些资源可以长期被全球学术社群访问，使得原本分散在不同图书馆和档案馆的珍贵文献得以集中保存和共享，极大地方便了全球研究者和学生的访问，JSTOR 最大限度地保持了学术资料的完整性和持久性，保障了学术资源的可访问性和可持续性。JSTOR 所收录的内容涵盖了丰富的学科领域，从经济学、历史学、文学到生态学、数学和公共卫生等，每一个领域都提供了深入的研究和广泛的视角。JSTOR 提供了一个跨学科、多维度的学术资源平台，其丰富的内容库和对学术历史的广泛覆盖，使其成为学术研究、教育教学以及寻求深入认知和理解的科研工作者的重要资源。

（9）Oxford Journals。Oxford Journals 是由牛津大学出版社管理和出版的，包含一系列高质量学术期刊的数据库。该数据库涵盖了广泛的学科领域，从生命科学、医学、物理科学、社会科学到人文学科，为全球的学者、研究者和学术机构提供了丰富的学术资源。Oxford Journals 以其学术严谨性和创新性的出版风格而著称，每篇文章都要经过严格的同行评审过程，如 *The Quarterly Journal of Economics* 等顶级期刊体现了其内容的权威性，以确保研究的质量和可靠性。Oxford Journals 注重跨学科的研究交流，许多期刊鼓励跨领域的方法和视角，推动科学与人文的对话，加深了不同学科之间的理解和合作。另外，Oxford Journals 在支持新兴学科领域的发展上也不遗余力。通过不断扩展其期刊的范围，涉猎如数据科学、全球健康和气候变化等新兴领域，Oxford Journals 为这些快速发展的研究领域提供了一个重要的学术交流平台。这些期刊不仅发布最前沿的研究，还提供政策讨论和实践应用的洞见，有助于全球范围内的知识分享和应用。

（10）ProQuest。ProQuest 是一个广泛服务于学术研究、教育和公共图书馆领域的学术资源库。它提供了从期刊、报纸、论文、报告到多媒体内容的广泛资料，覆盖了人文学科、社会科学、自然科学和医学等多个领域，使其成为跨学科研究的理想工具。ProQuest 的内容丰富多样，包括全文期刊文章、硕士和博士学位论文、会议论文、市场和行业报告、政府文档及档案材料等，这些资源的多样性确保了它能满足不同研究需求和学术深度。其中，ProQuest Dissertations & Theses 数据库是全球最全面的博硕士论文集合，提供了从 1900 年至今的广泛学位论文资源，涵盖了全球多个国家和机构的研究成果。这一特色使 ProQuest 在学术研究中具有不可替代的价值，尤其对于进行文献综述和历史研究的学者来说，ProQuest 是一个宝贵的资源。此外，ProQuest 在支持专业领域研究方面也表现突出。例如，它的 ABI/INFORM 集合专注于商业和经济领域，提供了广泛的行业分析报告、公司档案、经济预测和市场研究，这使得 ProQuest 在商业研究领域中占据了重要地位。

（11）Annual Reviews。Annual Reviews 是由 Annual Reviews 出版社提供的系统的、综合性的学术期刊评论数据库。该数据库覆盖了从生物医学科学到物理科学，再到社会科学等广泛领域的 42 个不同的学科，旨在提供对当前研究进展、主要发现，以及未来研究方向的全面概述的深入综述文章。Annual Reviews 数据库的特点在于其文章的高质量和权威性。每篇综述都经过严格的同行评审过程，确保了其内容的科学性和可靠性。这些综述文章通常较长，深入探讨特定主题，为读者提供详尽的背景信息、数据分析、理论解释以及批判性评价。因此，Annual Reviews 被广泛认为是学术研究中不可或缺的资源，通过提供高质量的综述和评论，帮助研究者快速了解某一领域的研究现状和发展趋势，有助于研究者在快速变化的科学领域掌握最前沿的信息。

（12）Sage。Sage 是国际性出版公司 Sage Publications 推出的丰富学术资源，尤其在社会科学领域具有显著的深度和广度。Sage 包括了数以千计的期刊、书籍、案例研究和参考资料，涵盖政治学、社会学、教育学、传播学、健康科学、商业与管理以及工程学等多个学科。这些资源的多样性和专业性，使其成为跨学科学术研究和教育的重要支撑。Sage 特别强调其在社会科学领域的领导地位，提供了包括 *American Sociological Review*、*Journal of Management* 等在内的顶级期刊，这些期刊在其领域内被广泛认可和引用。Sage 收录的研究成果不仅反映了当前的学术趋势，也涵盖了具有开创性的理论和实践研究，支持学者和实践者深入探讨复杂的全球性问题。Sage 也致力于提供实证研究资源，旗下的 Sage Research Methods 平台专门为研究方法提供全面的资源，包括书籍、期刊文章、案例研究和视频教程，这些内容对于设计研究项目、理解研究方法和进行数据分析至关重要。

（13）Springer。Springer 是全球知名的学术出版平台，由 Springer Nature 出版社运营，它为科学、技术、医学（STM）以及社会科学和人文学科的研究者提供了广泛的信息资源。Springer 数据库以其包含数万种科学期刊、书籍、参考作品以及 Springer Protocols 等独特内容而闻名，特别是在自然科学和应用科学领域具有显著的影响力。Springer 的内容涵盖了从基础研究到实用技术的广泛科学领域，包括物理学、生命科学、医学、工程学、计算机科学、环境科学、社会科学及经济学等。这些文献资源为科研人员提供了深入了解领域内最新科学发现和技术进展的机会。Springer 在支持多学科研究方面表现突出，其期刊和书籍经常跨越学科边界，促进不同领域之间的知识融合与创新。Springer 的学术资源不局限于传统的科学研究，还包括大量的应用科学和专业领域研究，这些内容通常是为解决具体实际问题而设计的。例如，Springer 在可持续发展、公共健康、城市规划、能源政策等领域提供了大量的实证研究和案例分析，这些研究对于政策制定者和行业实践者来说具有重要的参考价值。

（14）Taylor & Francis。Taylor & Francis 是由 Taylor & Francis Group 提供的一个综合性学术资源平台。该数据库提供了广泛的学术期刊、书籍和电子资源，涵盖了从人文社会科学到自然科学和医学的多个学科领域。丰富多样的内容使其成为跨学科研究和专业发展的重要资源库。Taylor & Francis 强调学术期刊的质量和多样性，其拥有超过 2700 种期刊，包括许多具有高影响力的期刊，如 *European Journal of International Management*、*International Journal of Operations & Production Management*、*R&D Management*。除了学术文章，Taylor & Francis 数据库还包括会议论文、政策报告、案例研究、评论和访谈等，为研究者提供了多角度的研究视角和丰富的研究材料。这种多维度的内容设置促进了不同领域间的学术交流和知识融合。

（15）Wiley。Wiley 由 John Wiley & Sons 出版公司提供，是全球科研、教育和专业实践领域中极为重要的学术资源。该数据库特别以其广泛的学科覆盖、高质量的内容和对创新研究的支持而受到认可。Wiley 旗下拥有超过 1600 种期刊和数千本书籍，涵盖了自然科学、工程技术、计算机科学、医学、生命科学、社会科学和人文学科等多个领域。Wiley 的一个显著特点是其跨学科的内容覆盖，提供了从基础研究到应用技术的广泛材料，支持科研人员在多个领域进行深入研究和学术探索。这种广泛的学科集成使其成为进行综合性和跨学科研究的理想选择。另外，Wiley 对新兴科学领域的快速响应也是其数据库的一大亮点，如在纳米科技、可持续能源、人工智能等领域的研究，Wiley 提供了丰富的新科研成果和前沿论文。Wiley 推动了许多创新的出版模式，如开放获取（Open Access）出版模式，使得研究成果能够即刻被全球学者无限制地访问，这一开放策略极大地促进了科学知识的传播速度和广度。此外，Wiley 还通过与全球顶尖学术机构和研究组织的合作，推出了定制的研究报告和市场分析，这些服务为特定行业或研究领域提供了深入的洞见和数据支持。

（16）ResearchGate。ResearchGate 是一个独特的科研社交网络平台，它结合了学术数据库的特性，为全球科研人员提供了一个分享、讨论和合作的空间。与传统的学术数据库不同，ResearchGate 着重于促进科研人员之间的直接交流和协作，提供了一个动态的环境来探讨研究问题、分享成果和开展合作项目。ResearchGate 的内容丰富多样，包括研究论文、数据集、项目更新、预印本和专利等。平台特别强调实时的学术交流，科研人员可以上传他们的研究成果，即使是尚未完成的工作，也可以得到同行的反馈和建议。这种开放的学术对话模式极大地加快了科学信息的流通速度和研究的迭代过程。ResearchGate 在推动跨学科研究方面表现突出。它通过算法推荐系统连接不同领域的研究者，帮助他们发现潜在的合作伙伴或相关的研究内容。这种基于兴趣和研究领域的匹配机制，不仅扩大了研究者的视野，也促进了不同学科之间的知识融合和创新。

（17）SSRN（Social Science Research Network）。SSRN 是一个国际性的社会科学开放获取在线数据库，涵盖了经济学、金融学、会计学、管理学、法学、人文学科等多个学科领域。该数据库提供了一个广泛的、开放访问的资源库，供全球学者发布他们的研究成果，尤其是工作论文和即将发表的论文。SSRN 的核心优势在于其及时性和学术交流的开放性，使其成为一个活跃的研究交流平台。SSRN 特别强调研究的初步成果和前沿探索，使学者能够在正式出版之前测试和改进他们的理论和方法。这种策略不仅加速了学术知识的更新和传播，还提高了研究质量和影响力。通过这一平台，研究者能够及时获得同行的反馈，促进了学术社群内的合作与发展。SSRN 不仅提供文献检索和下载服务，还富有高度的互动性和社区性，为研究者提供了一个交流和讨论的平台，如通过作者个人资料页面、论文评论和论坛等，促进了学术思想的碰撞和学术网络的构建。

（18）谷歌学术。在检索文献时，研究者往往会遇到一些文献无法下载的情况，此时需要借助一些技巧和外部资源来减少不可下载文献的数量。研究者可以通过一些学术搜索引擎来检索文献，如谷歌学术。谷歌学术是一个广受学术界欢迎的搜索引擎，专门为研究者和学者提供学术文献的搜索服务。通过汇聚来自世界各地的学术出版物、会议论文、学位论文、书籍和技术报告等内容，谷歌学术为用户提供了一个综合性的学术资源库。谷歌学术的一个显著特点是其包容性和综合性，能够访问并索引全球众多学术资源和出版物，这包括许多小型期刊和地区性出版物，使得研究者能够轻松地搜索到较难被传统学术数据库覆盖的资源。这种广泛的覆盖使得谷歌学术成为了一个多元化的研究工具，尤其适合那些在寻找特定或较为罕见学术资料的研究者。谷歌学术还强调了研究的连贯性和引文网络的建立。用户不仅可以快速找到特定文献，还可以轻松地查看该文献的引用情况，探索相关文献和引文，这一功能使研究者能够追踪特定领域内的研究进展和学术对话。这种基于引文的研究网络视图，支持了学术研究的深度发展和知识累积。

2. 中文数据库

（1）CNKI。CNKI 是中国最大的综合性学术资源数据库，由中国科学技术信息研究所于 1999 年推出。该数据库致力于提供全面的学术和科研资源，涵盖了期刊、博硕士论文、会议论文、报纸、年鉴、专利、标准等多种类型的文献资源。CNKI 不仅服务于中国的学术和研究机构，也成为全球研究中国学术成果的重要工具。特别是在中国社会科学和人文学科的资料收录上，CNKI 展现出无可比拟的优势，收录了大量中文期刊和学术论文，是研究中国社会和文化不可或缺的数据库。通过对这些领域的深入覆盖，CNKI 为用户提供了从理论研究到实践应用的全方位学术支持。此外，CNKI 在推动学术信息的数字化和网络化方面发挥了重要作用。该数据库通过先进的技术手段，实现了大规模的文献数字化，使得海量的学术资源可以在线访问。这种数字化的学术资源极大地方便了用户对信息的检索和使用，提高了学术研究的效率。CNKI 还强调学术研究的创新性和深度，支持多学科交叉研究。数据库中的“引文数据库”和“学科趋势分析”等功能，可以帮助用户追踪研究动态，分析学术趋势，识别研究前沿。这些特点使得 CNKI 不仅是信息检索工具，更是科研人员进行科学研究、学术创新的重要助手。

（2）万方数据。万方数据是中国领先的数字化信息服务提供者之一，专注于提供中文学术和技术文献资源。万方数据库涵盖了广泛的学科领域，包括医学、科学、工程、社会科学、人文学科等，其特色在于对中国学术研究的全面支持，尤其在地方性和应用性研究资料的收录上具有独特优势。万方数据收录了众多地方期刊和会议资料，这些资料往往难以在其他数据库中找到，为研究中国地方和行业特定问题提供了宝贵的信息资源。这些地方性资源的集成，极大地丰富了中国学术研究的维度，也有助于地方学术成果的传播和利用。此外，万方数据注重学术资源的本土化和实践应用。它不仅收录了理论研究的学术成果，也包括了具有实践指导意义的技术成果和政策分析，这为研究者和实践工作者提供了一个融合理论与实践的学术平台。万方数据库以其内容的广度和深度，特别是对中国本土学术资源的全面涵盖，成为国内外研究者、学术机构和政策制定者深入了解和研究中国社会科学和自然科学领域不可或缺的资源平台。

（3）维普。维普是中国领先的科技期刊数据库之一，提供广泛的中文学术和技术文献资源。它涵盖了自然科学、工程技术、农业、医学、人文社会科学等多个学科领域，以其有深度和广度的内容支持，成为国内研究者、学者和学生不可或缺的学术资源。维普最显著的特点是其对工程技术和自然科学领域的强化覆盖。相较于其他中文数据库，维普更为突出地提供了大量的工程技术类期刊和会议论文，这些资源对于从事相关领域研究的学者和工程师极具价值。通过收录最新的研究成果和技术报告，维普帮助用户及时掌握行业发展动态和科技前沿。维普还注意到了多学科交叉的研究趋势，提供了支持跨学科研究的文献资源。例如，环境科学与生物科学的交叉领域、计算机科学与社会科学的融合等。这种跨学科的文献整合，不仅丰富了数据库的内容，也促进了不同学科间的知识融合和创新。最后，维普对于提升学术研究的可见性和交流也做出了重要贡献。通过与国内外学术机构和图书馆的合作，维普使得其收录的文献能够被更广泛地传播和引用，提高了中国学术研究的国际影响力。

（4）CSSCI。CSSCI 是中国社会科学研究领域最重要的学术资源之一，由南京大学中国社会科学研究评价中心与社会科学文献出版社共同开发。CSSCI 专注于收录中国学者在人文社会科学领域的优秀学术期刊，目的在于提供一个全面的、专业的学术评价和检索系统，支持和促进中国社会科学的研究与发展。CSSCI 覆盖了广泛的社会科学学科，包括经济学、法学、教育学、文学、历史学、哲学和艺术等多个领域。通过精选收录国内外影响力强、学术水平高的中文社会科学期刊，CSSCI 不仅增强了这些期刊的学术影响力，也为中国的社会科学研究提供了重要的学术交流平台。CSSCI 注重学术资源的本土化和国际化，不仅收录了大量中国学者的研究成果，也关注国际学术交流，收录了部分与国际学术期刊合作的文献，这为研究者提供了一个融合本土视角和国际视野的学术平台。CSSCI 数据库是中国社会科学领域的核心学术资源，其广泛的学科覆盖、严格的质量控制和对国内外学术交流的支持，都使其成为支撑中国社会科学研究与发展的重要基石。

## 3.2 文献筛选标准

在获得大量可能与研究问题相关的文献后，研究者需要对文献的质量进行考察和筛选，不同文献间的研究问题、汇报内容、格式等都不尽相同，与其作者的倾向汇报方式相关，且尚未存在客观统一的范式。因此，研究者需要手动筛选出符合自己研究问题的文献，针对文献的研究主体、期刊质量、时间范围和数据可提取性等要求，整理出适合作为元分析底层数据的文献，这也是进行文献编码的基础。

### 3.2.1 文献要和研究主题相一致

组织与管理领域的研究大多关注的是企业内部的现象，因此，当研究者开展元分析时，通常要将样本限制为企业情境下的研究。除此之外，研究者还需要根据自己研究的需要，挑选特定的样本，避免所谓的“苹果和橙子”的比较问题，即错误地将本质不同的研究对象或方法进行比较分析。研究范围的一致性可以通过仔细审查研究的目的、研究问题、研究设计以及被研究的人群或现象来保证。在确保基本的可比性和一致性的同时，也应考虑到研究在方法学上的合理多样性。这种多样性可以提供更全面的视角，帮助研究者了解不同条件下研究结果的泛化性。例如，一个涵盖不同地理位置、不同人群（性别、年龄、种族等）的研究集可以帮助揭示特定干预在更广泛背景下的效果。

同时，在纳入相关实证文献时，一定要识别研究样本中是否有重复样本。一些研究者会用同一个样本发表多篇论文，且论文变量有一定的重叠度，此时如果不加识别地全部纳入元分析当中，势必会增加这个样本的权重，导致元分析结果出现偏差。因此，研究者在检索文献时，要去除那些重复的样本，确保每个样本仅在元分析中出现一次。

### 3.2.2 期刊范围和质量的选取要充分

在进行管理学元分析时，选择合适的文献类型对确保分析的广度和深度至关重要。如前所述，确定顶级期刊的质量标准是基础，但研究者还需考虑包括各种类型的文献以避免潜在的发表偏差，这包括会议论文、学位论文、工作论文等。

顶级期刊通常代表该领域内的高质量研究，但仅限于这些来源可能会导致那些包含负面结果或不显著结果的研究被忽略，这些研究往往无法在顶级期刊上发表，但同样是针对这个研究主题的重要文献。因此，除了顶级期刊外，还应考虑会议论文和学位论文。会议论文能够提供最新的研究进展，而学位论文则可能包含更详细的方法论和数据分析，这些文献往往因其初步性或局限性未能发表在主流期刊上。工作论文（或称为工作报告）通常是研究项目进行中的初步报告，它们可能包含新颖的研究方法或初步结果，这对于元分析的完整性和创新性至关重要。此外，直接联系在特定领域持续活跃的研究者，获取他们未发表的研究，可以极大地丰富元分析的数据源，这有助于发现更广泛的研究趋势和结果。

如果文献期刊范围选择不够充分，那么就有可能导致文献质量存在发表偏差的现象。发表偏差是元分析中应考虑的一个重要因素，即研究结果倾向于发表那些统计上是显著的正面结果，而忽略了那些统计上是不显著的或结果为负面的研究（具体介绍见第 4 章）。在文献筛选中囊括多种类型的文献，可以帮助缓解这一偏差，使元分析结果更加全面和均衡。例如，通过探索未发表的数据或研究档案，研究者可以获得更全面的视角，了解某一研究主题下的所有相关研究成果。

在文献收集阶段尽可能收集多种类型的文献，后续的分析阶段需要对这些不同类型的文献进行仔细评估。如果发现不同类型的文献之间存在显著差异，且这些差异可能影响元分析的结果解释，研究者应评估是否有足够的理由保留或删除某些类型的文献。

进行管理学元分析时，研究者应采用多元化的文献选择策略，以确保分析的全面性和准确性。这包括从顶级期刊到会议论文、学位论文、工作论文以及直接联系研究者获取的未发表研究，都是构成元分析强有力的文献基础的重要组成部分。通过这种全面的策略，可以最大限度地减少发表偏差，提高研究结果的可靠性。

### 3.2.3 文献时间范围要依研究主题合理划定

研究者在设定时间范围时通常有两种主要的考虑方式：一种是关注特定时

间段的文献，如近 20 年、从上一篇元分析发表到现在的时间段，或围绕特殊事件前后的特定时间段的文献；另一种是从该领域第一篇文献发表的年份开始检索所得到的文献，以确保数据的完整性。

一种常见的方法是关注特定时间段的文献。这种方法允许研究者集中分析某个时间段内的文献，特别是在科技迅速发展或理论快速更迭的领域中很适用。例如，如果近 20 年间该领域经历了重大的理论或实践创新，研究者可能会专注于这个时期的文献，以捕捉最新的研究动态和理论发展。同样，如果上一篇元分析的发表标志着该领域研究的一个重要节点，研究者可能会从那个时间点开始，来分析最新的研究进展和变化。围绕特殊事件发生前后的特定时间段进行文献检索也是关注特定时间段的类型之一。在管理学中，这样的事件可能包括经济危机、重大政策变动、技术革新等，这些事件往往会对管理实践和理论产生深远影响。通过聚焦这些事件相关的时间段，研究者可以更深入地分析这些事件对相关管理领域的具体效应。

另外，选择从某一领域的第一篇文献开始检索的方法，是为了确保所进行的元分析能够全面覆盖该领域的所有相关研究。这种方法特别适用于那些发展历史较短或近年来才开始获得广泛关注的研究领域。通过这种方式，研究者可以追踪领域内知识的演进过程，识别早期的研究趋势和理论基础，这有助于深入理解现有研究的背景和基础。

无论选择哪种时间范围设定策略，研究者都必须提供明确的理由，解释为什么选择这一特定的时间段。这种透明的方法论说明不仅有助于增强研究的可信度，也使其他学者能够理解研究设计的考虑和限制。例如，如果选择了近 20 年的研究进行分析，研究者应解释这一选择是如何与领域内的技术进步或理论变革相匹配的。

### 3.2.4　效应值可提取性

确保效应值可提取性是指通过严格的文献筛选和数据提取流程，可以显著提高研究结果的可靠性和解释力，为管理学领域提供更加科学和精确的研究结论。确保文献中效应值的可提取性是进行有效元分析的基础。确保效应值可提取性需参考以下两个筛选原则。

第一，文献中必须清晰报告所有必需的统计数据，以计算效应值大小。这包括但不限于实验组和对照组的均值、标准偏差、样本量，或者其他可以直接报告效应大小的统计指标，如相关系数、回归系数等。文献中数据的明确性和完整性直接影响效应值的准确提取，进而影响元分析的整体质量和可信度。研究者在筛选文献时，应详细审查每篇研究报告的方法论部分，确保所报告的数据足以支持效应值的提取。如果文献中的数据报告不完整，如缺少必要的统计结果或未提供足够的数据以估计效应大小，那么这样的研究应被视为不符合元分析纳入标准的文献。

第二，研究者应关注文献中效应值的一致性和可比性。由于不同研究可能采用不同的测量工具和方法，导致效应值的计算方式和解释可能有所不同，这要求研究者在提取效应值时必须考虑这些差异，并在必要时进行适当的统计转换，以保证数据的同质性。在数据提取过程中，使用标准化的数据提取表格可以帮助研究者系统地记录和管理所提取的效应值数据。这种方法有助于提高数据提取的效率和准确性，减少人为错误。

## 3.3 文献编码

文献编码是构建元分析数据基础的重要步骤，通过编码将混乱无章的文献数据以研究者制定的数据标准记录、排列起来。元分析的编码过程是围绕着一份编码手册（coding manual）展开的，该编码手册将具体决定从每一项合格的研究中选出怎样的信息。编码者将通读每一篇研究论文，用该研究中的相应的回答来填写编码计划书。元分析的编码研究的本质与调查研究类似。编码者需要准备一份问卷，对一份研究报告进行“访谈”进而根据该研究报告提供的信息来填写问卷。与调查研究一样，元分析者也要认真地准备编码手册，培训编码者，考察所获数据的完备性、信度和效度等，这些都是元分析的关键环节。本章将讨论如何准备一份编码手册，讨论利用它对各项研究进行编码的步骤。

### 3.3.1　制定编码手册

在讨论编码手册中应包括哪些内容这个重要问题之前，还有一些常见的问题需要考虑。首先，研究者必须区分编码计划书中的两个很不同的部分：一部分是对各项研究的特征方面（研究描述项，study descriptors）进行编码，另一部分是对研究得到的经验发现信息（效应值）进行编码。从概念上看，这种区分类似于“自变量”与“因变量”之分。各种研究发现是以多个效应值的形式来表示的，它们就是元分析中的“因变量”，是各项经验调查研究得到的“结果”。各种研究特征，如方法、测量、样本、变量、情境等都是元分析中的“自变量”，它们代表可以影响结果的性质和大小的因素。

在这些研究特征之中，研究者需要进一步区分能够代表所研究的现象的特征（如对总体中的某些信息产生影响的研究方式是什么）和代表研究方法（如特定的设计方案、测量、程序、研究者、调查情境等）的特征。在理想情况下，后者应该是中立的，也就是说，一些典型的变动不会对研究结果产生太大的影响。遗憾的是，情况通常不是如此，所以元分析者要对相关研究过程的充分信息进行编码，从而至少能够部分地把与所感兴趣的现象的变动相关联的研究发现从那些与方法和过程方面的差异相关联的结果中区分出来。

元分析需要包含哪些关系的效应值？需要收集哪些样本特征或者变量作为调节变量？这些都需要研究者事先做好严密精细的规划和思考。虽然在研究问题阶段已经确定了研究假设和模型，但元分析并不单单具有验证功能，也具有探索功能。因此，在做元分析时，研究者通常都会搜集尽可能多的数据，并开展一些探索性的工作。如果漏掉了几个重要的特征变量，后期补数据也是一项相当繁重的工作。

因此，研究者必须有一份囊括所有条目的完整描述的编码手册，以帮助编码者恰当地处理一些模糊、不常见或者边缘的文献。该编码手册应列举出每个条目试图捕获的信息是什么，对各种回答选项给出全面的界定，对如何处理模糊的案例提供指导。这种编码手册就成了编码者在遇到困难时的一个参考指南。一册在手，编码表本身便更有条理。

通常来讲，在元分析编码过程中，研究者需要收集以下几类信息：

- 论文基本信息，如作者、论文名称、发表年份、期刊名称等；
- 样本量和效应值数据，如相关系数、均值和标准差、统计量、$F$ 统计量、$d$ 统计量等；
- 量表信度数据，如果双变量关系中至少有一个变量采取了主观评价的形式，则需要记录这个（些）变量的 $\alpha$ 信度系数；
- 调节变量信息，如定类调节变量所属的类别及连续型调节变量的取值；
- 研究设计和样本特征信息，如调查设计还是实验设计，纵贯研究还是横剖研究，变量测量方式（自评还是他评、客观评价还是主观评价），变量所采用的量表（5 点或 7 点），被试类型，数据回收年份、国家、行业任务类型等；
- 文献来源分类，如期刊论文、会议论文、著作章节、工作论文等；
- 编码者信息，用于识别每条编码的录入者；
- 备注，主要是对前面编码的特别交代及提醒研究者在数据分析时的注意事项。

研究者还需要根据每一个编码字段的特点撰写编码标准和注意事项，编写翔实的编码手册，从而为编码者提供编码依据。比如，哪些行业可以归为制造业，哪些行业可以归为服务业，研究者应当在编码手册中进行明确的说明。再比如，当一个研究通过多种形式测试某个变量时，将会包含多个相关系数，即一个研究样本中存在多个效应值。此时，是对这些效应值进行平均处理，还是逐一报告出来，这些都是研究者需要在编码手册中进行明确说明的内容。编码手册完成后，在后续编码过程中可能还会遇到一些问题，这就需要研究者根据后续问题不断修改完善编码手册，从而确保编码标准的统一性。

研究者可根据实际研究主题的文献情况灵活地对条目进行增减、规划和分类。例如，表 3-2 给出了一个元分析编码手册示例，主要包括研究信息、样本信息、效应值信息三大类，且针对每一条目配备了相应的编码说明、编码条目和示例。这样的编码手册形式不仅涵盖了所有元分析所需信息，也使后续编码工作变得富有条理。

**表 3-2　元分析编码手册示例**

| 项　目 | 编码条目 | 编码说明 | 示　例 |
|---|---|---|---|
| 研究信息 | 研究 ID | 按顺序标注序号，每篇文献一个编号 | 1，2，3 |
| | 样本 ID | 按顺序标注序号，一篇文献可能有多个样本，均独立变化 | 1，2，3 |
| | 编码者姓名 | 填写编码者姓名 | 张三 |
| | 文献作者 | 填写文献所有作者的姓名，英文作者记录姓氏即可，中文论文记录全名，作者之间用逗号隔开 | Zhang，Zhao，李四，王五 |
| | 发表年份 | 填写文献发表的年份 | 2024 |
| | 研究设计 | ①调查研究设计；<br>②实验研究设计；<br>③二手数据设计；<br>④其他 | 研究为调查研究设计，编码为 1 |
| 样本信息 | 样本类型 | ①员工样本；<br>②学生样本；<br>③混合样本 | 样本为某综合性大学研究生，编码为 2 |
| | 国家 | ①东方国家（包括中国、日本、韩国、新加坡等）；<br>②西方国家（包括英国、美国、德国、法国等）；<br>③混合样本（既有来自东方也有来自西方国家的受访者）；<br>④未注明样本国家来源 | 样本来自中国，编码为 1 |
| | 产业类型 | ①资金密集产业（包括冶金、石油、机械制造等）；<br>②技术密集产业（包括电子计算机、航空航天、原子能工业、高端医疗设备、精密机床等）；<br>③未注明产业类型；<br>④其他产业类型 | 样本企业来自食品制造业，编码为 4 |
| 效应值信息 | 效应值类型 | ①相关系数；<br>②均值、标准差；<br>③Cohen's $d$；<br>④$t$ 统计量；<br>⑤$F$ 统计量 | 效应值数据来自相关矩阵，编码为 1 |

续表

| 项　目 | 编码条目 | 编码说明 | 示　例 |
|---|---|---|---|
| 效应值信息 | 效应值数据 | 记录效应值数据；当存在多个效应值时，应计算组合效应值，计算公式为××× | 0.135 |
| | 样本量 | 记录样本量/份 | 298 |
| | 自变量信度 | 记录自变量信度，未报告则不填，客观变量（如薪酬）填写 1 | 0.87 |
| | 因变量信度 | 记录因变量信度，未报告则不填，客观变量（如薪酬）填写 1 | 0.84 |

### 3.3.2 进行文献编码

在制作好编码手册后，研究者即可输入编码内容，要参考 3.3.1 节提到的 8 类内容或建立好的编码手册条目填写编码表。在编码过程中，有以下两点注意事项。

（1）研究者需要对每项研究和每个样本进行编号。由于有的研究拥有多个子样本，因此样本编号通常要大于或等于研究编号。这样的编号方式能够确保编码的准确性和可追溯性。例如，在一项涉及多个地区的教育成果元分析中，如果有一项研究涵盖了三个不同地区的子样本，那么可以将研究编号设为 1，而三个子样本的编号分别为 1.1、1.2 和 1.3。

（2）以一张总表形式呈现所有编码内容。当研究者开展的元分析涉及多个变量关系的效应值时，建议研究者将所有变量关系整合在一张原始表格内，并在表中增加相应的关系说明列，而不是将不同变量关系建立在不同的表格中。尽管前文反复强调研究者应当仔细思考元分析应当涉及的元素，但在实际操作过程中，研究者可能会出现遗漏文献或变量的情况，甚至元分析成果反复被拒后，研究者可能要补充最新文献。此时，如果所有变量关系都在一张原始表格内，研究者补充新的研究或者变量就比较省时省力，可以避免一些共性因素在不同表格之间反复录入，对整体文献数量、样本数量、效应值数量的统计也相对比较方便。在后期的数据分析阶段，研究者可以再对元分析原始编码表进行拆分。

### 3.3.3　编码者培训与预编码

在进行元分析的过程中，通常需要多名研究者共同参与到文献的编码工作中。因此，研究团队需要选拔出具有高度责任感和有一定研究背景的编码人员，并在正式编码之前对他们进行系统的培训。对于涉及多个研究者的合作项目，建议所有合作者都参与到编码过程中，这有助于保障整个编码任务的准确性和一致性。

培训过程中，应将编码手册作为主要依据，确保每位编码人员都能准确把握编码的要求、注意事项以及处理各种细节问题的方法。此外，研究者应鼓励编码人员对编码指南和手册中的内容提出疑问，这种互动性质的讨论对于发现并解决编码过程中可能出现的问题至关重要。

为了评估编码人员对培训内容的掌握程度，研究者可以安排他们进行一轮预编码练习。在这一阶段，编码人员需要根据编码手册和在培训中学到的知识，尝试对一组5～10篇的文献进行编码。完成预编码后，研究者应仔细检查编码结果，对于发现的任何问题都应及时予以纠正和指导。

通过这种方式，可以确保编码人员在开始编码工作之前，已经充分理解了编码的要求和流程，从而提高整个元分析项目的质量。此外，这也有助于预防和减少编码过程中可能出现的误差，确保研究结果的可靠性和有效性。

### 3.3.4　正式编码

多名编码者完成整体的编码工作后，研究者需要检查不同编码表结果的一致性程度，即评价者信度（interrater reliability）。这里的一致性程度是指不同编码者之间对同一数据或现象的分类或判断是否具有一致性。这种一致性可以通过量化的方式呈现，研究者可以使用一致性百分比或Cohen's kappa系数等方式来评定编码者之间的一致性程度。

1. 一致性百分比

研究者可以直接统计两名编码者一致数据条目占总数据条目的比例来表

示评定者间的一致性。有的元分析通篇只报告一个整体一致百分比，而有的元分析则针对每一类数据均报告一个百分比，这样可以为元分析的严谨性提供更多的直接证据。Bachrach 等（2019）指出他们的元分析中两名编码者文献保留与剔除的编码一致率为 98.50%，样本量数据的一致率为 100%，交互记忆系统与团队绩效关系的效应值一致率为 93.42%，交互记忆系统与团队绩效二者信度数据的一致率为 94.74%。通过这种依次展示各类数据一致性的概率数据的方式，读者可以清晰地还原元分析编码过程，并体会到原作者对待科学的严谨态度。

2. Cohen's kappa 系数

在元分析中，评估不同研究者或不同时间点对文献的筛选、数据编码或质量评估的一致性，也可以使用 Cohen's kappa 系数进行计算。Cohen's kappa 系数是一种衡量两个评估者之间一致性的统计量，用于评估定性数据的一致性程度。Cohen's kappa 系数的计算公式如下：

$$\mathcal{K} = \frac{P(A) - P(E)}{1 - P(E)}$$

式中，$P(A)$ 是两个评估者完全一致的比例，即他们对所有项目给出相同评估结果的比例；$P(E)$ 是两个评估者随机一致的比例，即如果他们随机给出评估结果，预期的一致性比例。

具体步骤如下：

- 构建一个列联表，列出两个评估者对每个项目的评估结果；
- 计算 $P(A)$，即对角线元素（两个评估者结果一致的单元格）的和除以总的观测数；
- 计算 $P(E)$，即每个评估者给出某一结果的总数与所有评估结果中该结果出现的总数的乘积之和，再除以总的观测数的平方；
- 将 $P(A)$ 和 $P(E)$ 代入上述公式计算 Cohen's kappa 系数。

Cohen's kappa 系数的值范围为–1～1。值越接近 1，表示评估者之间的一致性越高；值接近0表示一致性与随机水平相近；值小于0表示一致性低于随机水平。

对于存在不一致的编码，研究者和编码者应再次核对，检查造成不一致编码的原因，并最终通过讨论达成一致。

### 3.3.5　效应值转换

完成编码工作后，研究者应当将所有研究的效应值转化为统一的形式（如本书1.1.3节中的相关系数 $r$）。在不同研究领域，效应值的报告形式可能是不同的。在组织与管理研究领域，研究者通过元分析报告的效应值通常为相关系数 $r$。

效应值是一种量化研究结果重要性的统计指标，它描述了两个变量之间的关系强度或是一个变量对另一个变量的影响大小。在进行元分析时，需要将各种统计量（如 $p$ 值、$t$ 值和 $F$ 值）转换为标准化的效应量（相关系数），以便于合并和比较。然而，文献之间通常因为研究方法、研究主体、变量测量等方面都存在较大的区别，所以每篇文章汇报的效应值结果可能都不尽相同，需要将它们统一才能进行元分析后续的效应值整合、分析。

将不同类型的统计数据转换为统一的效应量是元分析中的一个重要步骤，因为效应量能够提供一个不受样本容量影响且与测量单位无关的度量标准，从而使得不同研究之间的结果可以进行比较和合并。例如，在某些研究中，效应量可以使用标准均值差来表示，这是通过计算实验组和对照组的平均值差异来实现的。而在其他情况下，效应量可能需要转换为其他形式，如相关系数 $r$，这可以通过特定的转换公式完成。

1. 已知相关系数的情况

若文献中已经披露与研究主题有关变量的相关系数，研究者需要注意变量的测量方式。如果是以问卷形式等主观构念测量方式获得的变量，那么需要对变量间的相关系数进一步处理，使其转化为真实的相关系数，这里使用变量[例如，自变量（IV）和因变量（DV）］的信度系数进行操作。通过客观测量的方式来评价的（如薪酬）这类变量的信度通常可以记为 1。信度系数的主要功能是修正测量误差，将样本相关系数 $r$ 转化为真实相关系数 $\rho$ 。$\rho$ 的转化公式为

$$\rho = \frac{r}{\sqrt{\alpha_x \alpha_y}}$$

式中，$\rho$ 为经测量误差修正后的真实相关系数（也称总体相关系数）；$r$ 为文献中原始样本的相关系数；$\alpha_x$ 和 $\alpha_y$ 分别为自变量 $x$ 与因变量 $y$ 的 $\alpha$ 信度系数，代表着 $x$ 与 $y$ 的测量误差。

2. 未披露相关系数的情况

（1）均值/标准差→$r$。

在组织与管理研究领域，调查研究具有较高的外部效度，但其结论往往只能得出相关关系，内部效度较低。除了调查研究设计之外，实验研究设计也是组织与管理研究者经常采用的实证研究设计之一，尽管其所占比例通常不足 10%。实验研究具有较高的内部效度，可以得出变量之间的因果关系。正是因为这方面的优势，近年来综合采用调查和实验研究设计的论文数量在不断增加。研究者希望能够以此弥补调查研究内部效度的不足，并克服实验研究外部效度方面的缺陷。

对于实验研究设计而言，研究者通常会报告实验组和控制组的均值及标准差，并比较实验组和控制组的均值差是否达到统计上的显著。实验组和控制组分别来自两个独立总体，且统计学家通常假定这两个总体拥有共同的标准差（common standard deviation）。为了增加不同总体的可比性，研究者可以根据总体的均值和标准差数据计算两个总体均值之间的标准化均值差（standardized mean difference），并记为 $\delta$ ，其计算公式为

$$\delta = \frac{\mu_1 - \mu_2}{\sigma}$$

式中，$\mu_1$ 和 $\mu_2$ 分别为两个总体的均值；$\sigma$ 为总体标准差。$\sigma$ 通常被假定与第

一个总体的标准差（$\sigma_1$）和第二个总体的标准差（$\sigma_2$）是相等的。

然而，在现实中，总体的均值和标准差是未知的，因此研究者需要通过样本数据来估计$\delta$。研究者常常使用 Cohen's $d$或者 Hedges' $g$统计量来代表实验研究中不同组别均值的标准化差异。Cohen's $d$ 统计量被定义为实验组均值（$M_E$）与控制组均值（$M_C$）的差除以组内标准差（$SD_W$），其计算公式为

$$d = \frac{M_E - M_C}{SD_W}$$

式中，$M_E$和$M_C$分别为实验组和控制组在因变量上的均值，可以直接从实验研究论文中找到，而组内标准差$SD_W$的计算公式为

$$SD_W = \sqrt{\frac{(n_E - 1)SD_E^2 + (n_C - 1)SD_C^2}{n_E + n_C - 2}}$$

式中，$n_E$和$n_C$分别为实验组和控制组的样本量；$SD_E$和$SD_C$分别为实验组和控制组在因变量上的标准差，多数实验研究论文都会报告这些统计指标。由于实验研究者在设计实验时通常会保证实验组和控制组的样本量是相等的，且一些实验研究论文并未报告实验组和控制组的具体样本量，此时研究者也可以使用简化的公式来计算组内标准差，其计算公式为

$$SD_W = \sqrt{\frac{SD_E^2 + SD_C^2}{2}}$$

尽管 Cohen's $d$被学者广泛采用，但对于小样本而言，Cohen's $d$会高估$\delta$，造成$d$并非$\delta$的无偏估计。这个小样本造成的偏差可以通过校正因子进行修正，从而可以得到$\delta$的无偏估计，即 Hedges' $g$。因此，$g$和$d$可以通过公式进行相互转换，其计算公式为

$$g = J \times d$$

$$J = 1 - \frac{3}{4(n_E + n_C - 2) - 1}$$

从校正因子的公式可以看到，随着样本量的增加，$J$会越来越接近于1。对于组织与管理领域的实验研究，通常实验组和控制组的样本量均大于30（统计

学上的大样本界定），此时 $J$ 大于 0.99，非常接近于 1。因此，对于大样本研究而言，Cohen's $d$ 与 Hedges' $g$ 之间的差异非常小。Hedges 在其参编的 *Introduction to Meta-Analysis* 一书中也提到，由于 $J$ 在多数情况下接近于 1，因此除非样本量非常小，否则对 $d$ 是否进行校正并不重要。

一旦研究者得到了 $d$ 值，就可以借助相关公式将 $d$ 转化为相关系数，其计算公式为

$$r = \frac{d}{\sqrt{d^2 + a}}$$

式中，$a$ 为校正因素，其计算公式为

$$a = \frac{(n_{\mathrm{E}} + n_{\mathrm{C}})^2}{n_{\mathrm{E}} n_{\mathrm{C}}}$$

如果实验组（$n_{\mathrm{E}}$）和控制组（$n_{\mathrm{C}}$）的样本量相等，或者论文中并未报告实验组和控制组的具体样本量（假定 $n_{\mathrm{E}} = n_{\mathrm{C}}$），则 $d$ 转化为相关系数 $r$ 的公式可以简化为

$$r = \frac{d}{\sqrt{d^2 + 4}}$$

（2）$t$ 统计量→$r$。

对于个别研究，研究者对实验组和控制组的均值与标准差报告不完整，因此无法通过标准化均值差的转换公式获得相关系数。因此，研究者需要获得其他统计量，并转化为最终的效应值形式，$t$ 统计量和 $F$ 统计量就是其中常见的可转化统计量。熟悉统计学的读者应该清楚，$t$ 统计量和 $F$ 统计量是实验研究与部分调查研究中常见的统计量，主要用于判断某个因变量在两个（$t$ 或 $F$）或者多个（$F$）组别之间是否存在显著差异。对于两组均值差异比较的研究，$t$ 值转化为相关系数 $r$ 的常用公式为

$$r = \sqrt{\frac{t^2}{t^2 + df}} = \frac{t}{\sqrt{t^2 + N - 2}}$$

式中，$t$ 为研究中用于检验实验组与控制组均值差是否显著的统计量；$df$ 为 $r$

统计量的自由度，即（$n_E-1$）与（$n_C-1$）之和；$N$ 为实验样本量，即 $n_E+n_C$。当然，研究者也可以将 $t$ 值转换为 $d$ 统计量，其计算公式为

$$d=\frac{2t}{\sqrt{N}}$$

综上，将 $r$ 统计量转化为相关系数，首先需要获取研究的 $t$ 统计量取值及样本量 $N$。

（3）$\eta^2$ 或 $F$ 统计量→$r$。

少部分实验研究检验实验组与控制组均值差异的统计量为 $F$，或者报告了效应值 $\eta^2$，它们转化为相关系数 $r$ 的常用公式为

$$r=\sqrt{\eta^2}=\sqrt{\frac{df_{\text{between}}\times F}{df_{\text{between}}\times F+df_{\text{within}}}}=\sqrt{\frac{F}{F+df_{\text{within}}}}=\sqrt{\frac{F}{F+N-2}}$$

式中，$\eta$ 等价于相关系数 $r$；$F$ 为研究中用于检验实验组与控制组均值差是否显著的统计量，在统计上，$F(1,\ df_{\text{within}})$ 实际等于同自由度的 $t^2$，故该公式与 $r$ 的转化公式实际上是等价的；$df_{\text{between}}$ 为 $F$ 统计量的组间自由度（$k-1$），$k$ 为实验操控水平数量（此处 $k=2$），故 $df_{\text{between}}$ 等于 1；$df_{\text{within}}$ 为 $F$ 统计量的组内自由度（$N-1-df_{\text{between}}$），即 $N-2$；$N$ 为实验样本量，即 $n_E+n_C$。

/ 第 4 章 /

# 发 表 偏 差

发表偏差是指由于结果显著的研究更容易被发表，因此在文献样本搜集时我们更容易搜集到显著的样本，而这可能会导致结果有偏。在所有的偏差中，发表偏差的控制较为困难且影响程度较大，因此发表偏差的识别与处理尤为重要。本章将介绍发表偏差的定义、成因，以及如何检验和校正发表偏差，并提供了相应的 R 语言操作实例以供参考。

## 4.1 发表偏差及其成因

### 4.1.1 发表偏差的界定

发表偏差，又叫出版偏差、出版偏倚或者文件抽屉，为了术语上的统一，本书采用发表偏差的叫法。发表偏差是指已经发表的研究不足以代表研究总体而引发的偏差，由于研究者、审稿人或编辑选择论文进行发表时依赖研究结果的方向和强度，具有统计学显著性的研究结果相较于较不具统计学显著性的结果更容易发表，这使得出版的过程不是随机事件，因此某些研究的发表受到压制。其他研究者在该领域开展元分析或其他研究时，更易检索到这些结果并将其纳入研究。发表偏差与统计功效密切相关。统计功效较高，研究可正确识别真实存在的微小效应；而统计功效较小时，则要求效应量很大才能得到显著结果。这意味着，相关研究极有可能得到非显著性结果，无法发表。

发表偏差会削弱综合分析结果的准确性和可靠性，从而威胁元分析结果、结论及基于元分析实践的有效性。不同于单一案例研究，元分析具有累积效应，聚合多项研究评估效应值，因而会放大发表偏差的影响。此外，从研究意义上来看，发表偏差的出现也会导致不必要的重复，浪费研究机会、时间与金钱，以及对现有研究进行过度评价。例如，在文献发表过程中，大样本研究、结果显著的研究和效应值较高的研究更容易发表，这会放大这些结果的实际贡献。

### 4.1.2　造成发表偏差的原因

发表偏差问题既可能因为单个研究的系统抽样即实证研究结果本身存在偏差，也可能因为研究者在文献检索不够全面或者是文献检索过程中遗漏重要文献而引起。

1. 抽样偏差

研究者在研究某一问题时，很难获得该研究问题的全部样本，因此通常是通过随机抽样的方式来获得能够最大限度上代表研究总体的研究样本，当研究者的抽样是非随机抽样时，那么通过这些样本得出的结论就很难具有代表性。进一步地，如果元分析研究中纳入这些样本，所得到的数据分析结果也会相应地存在偏差。

2. 对显著性结果的偏爱

在学术研究领域，通常只有得出显著的研究结论的论文才可能被期刊录用并发表，这就使得研究者对显著性结果的偏爱加剧。即使研究者都承认不显著结论的贡献，但是不显著结论的贡献往往会受到更多的质疑，并且（尤其是期刊）对不显著结果的认可，还可能产生一些新的学术道德问题。因此，元分析在纳入显著的研究后，所得到的数据分析结果也必然会相应地存在偏差。

抽样偏差和对显著性结果的偏爱是与原始文献本身相关的，不受元分析研究者的控制，因此这两种造成发表偏差的原因对于元分析研究者来说不可避免。对于接下来讲到的文献检索不够全面的问题，元分析研究者可以进行一定程度上地避免。

3. 文献检索不够全面

若元分析研究者对某一研究问题进行文献检索时不够全面，也可能会产生发表偏差问题。由于现实条件的限制，元分析研究者针对某研究问题通常仅能检索到有限的文献数量。通常，由于语言限制等原因，研究者通常只能检索到有限数量的文献，而不太能够检索到与研究问题相关的所有已发表文献。例如，中国研究者通常仅会检索中文和英文两种语言的文献，而不太可能涉及以俄语、德语等语言发表的文献。除已发表的文献外，对于未发表的文献则更难获取，如工作论文、学位论文、书中章节和会议论文等，这些都可能导致发表偏差。而元分析研究者能够做的就是尽可能多地检索文献（如通过多种检索渠道等），以降低发表偏差。

## 4.2 常见的发表偏差评判与校正方法

由于文献样本的收集是进行元分析的基础，文献检索的质量直接影响纳入元分析的研究是否全面、客观、真实以及元分析结果是否可靠，因此在文献样本收集完之后需要进行发表偏差的检验。元分析需要用到的发表偏差评判方法有漏斗图、Egger 线性回归检验法、Begg 和 Mazumdar 秩相关检验法（rank correlation method）、失安全系数以及剪补法（此方法在 4.4 节中讲解）。

### 4.2.1 漏斗图

漏斗图是元分析中用于检测发表偏差的主要工具之一。一般而言。漏斗图是横坐标为单个研究的效应量，纵坐标为样本标准误的散点图。从理论上讲，被纳入元分析的各独立研究效应的点估计，在平面坐标系中的集合应为一个倒置的漏斗形，因此称为漏斗图。其基本原理是通过观察图形的对称性来判断是否存在发表偏差。漏斗图所基于的假设是效应量估计值的精度随着样本量的增加而增加，其宽度随着精度的增加而逐渐变窄，最后趋近于点状，其形状类似一个对称倒置的漏斗。样本量小，研究精度低，分布在漏斗图的底部，向周围分散；样本量大，研究精度高，分布在漏斗图的顶部，向中间集中。采用漏斗图来评判发表偏差问题时，研究数量不应低于 10 篇。理论上，当研究不存在发表偏差时，漏斗图应该呈现出对称的倒漏斗形状——大样本研究由于具有更高的统计精度，效应值会集中在漏斗图的顶部，围绕平均效应值分布；而小样本研究则由于抽样误差较大，效应值更分散，分布在漏斗图的底部区域，形成更宽的分布范围。

发表偏差的问题在于，研究结果显著的研究更容易被发表，而研究结果不显著的研究往往未能进入公开领域，这使得小样本研究的结果偏向一侧，导致漏斗图的非对称性。通过观察漏斗图的形状，可以初步判断元分析中是否存在发表偏差。然而，值得注意的是，漏斗图的非对称性可能不仅是由发表偏差引起的，还可能是由于异质性等其他因素所导致。因此，在使用漏斗图时，不仅需要关注图形的形状，还需要结合其他统计检验方法来进一步验证。例如，在图 4-1 中，理想的漏斗图应当显示效应值围绕着纵轴对称分布，但如果发现研究点主要集中于图形的某一侧，那么就可能存在发表偏差的风险。这时，可以使用 Egger 回归检验等方法来量化这种偏差的程度。

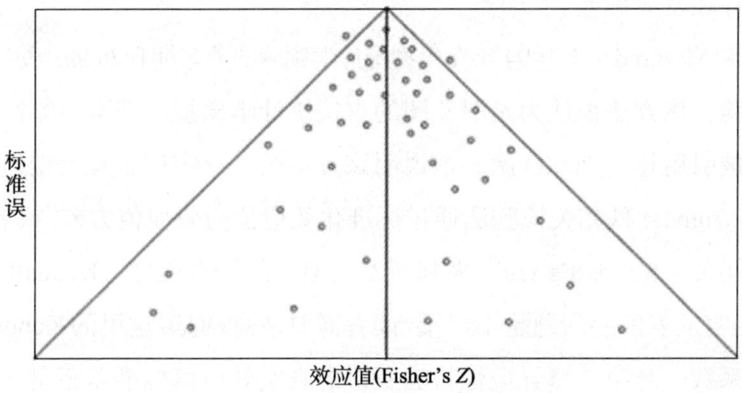


图 4-1　漏斗图示例

### 4.2.2 Egger 线性回归检验法

漏斗图是判断有无发表偏差的一种比较简单直观的方法，但是只能作为一种主观定性方法，不能进行定量分析。目前对于发表偏差的定量分析方法主要有线性回归法、秩相关法、剪补法、失安全系数等。Egger 线性回归检验方法和 Begg 秩相关检验方法就是针对漏斗图的检验方法，可以检测漏斗图的对称性。

由于研究者对漏斗图对称性的判断具有较大的主观性，因此可以通过 Egger 线性回归检验法来客观地进行评判。Egger 线性回归检验法主要通过回归方程截距（intercept）项是否等于零来判断是否存在发表偏差问题。如果回归方程的截距（intercept）项等于或者接近零，则说明发表偏差问题不严重；如果回归方程的截距不等于零（two-tailed $p < 0.05$），则说明存在发表偏差问题。Egger 线性回归检验方法的优点在于检验效能高，容易理解，在样本为连续型或是二分类数据时可以采用，适用于效应值数量较大的元分析。

### 4.2.3 Begg 和 Mazumdar 秩相关检验法

Begg 和 Mazumdar 秩相关检验法是一种常用的方法。该方法通过评估研究的样本容量与研究结果的效应大小之间的相关性，从而检测出发表偏差的存在。具体而言，该方法通过计算每个研究的效应估计与其标准误的相关系数来判断是否存在发表偏差。

Begg 和 Mazumdar 于 1994 年在生物统计学领域的著名期刊 *Biometrics* 上提出了秩相关检验，该方法被认为是漏斗图的直接统计学模拟。截至 2019 年底，该论文已经被引用超过 10000 次，这说明该方法被广泛应用于发表偏差的检验。Begg 和 Mazumdar 秩相关检验法通过标准化效应值与效应值方差（或者标准误）之间的秩相关（Kendall's tau）来判断发表偏差的严重程度。Kendall's tau($t$)越接近零，说明发表偏差问题越不严重。读者需要注意的是，这里的 Kendall's tau($t$)是秩相关系数，与第 5 章异质性检验所讲的真实效应值标准差不是一个概念，不要将二者混淆。如果 Begg 和 Mazumdar 秩相关检验达到显著（two-tailed $p <$

0.05 )，则说明存在发表偏差。该方法易受效应值数量及发表偏差程度的影响。Begg 和 Mazumdar 秩相关检验对样本大小的分布不做要求，但是在样本量较少时检验效应比较低。当元分析效应值数量较少时，Begg 和 Mazumdar 秩相关检验易犯统计学中的第一类错误，即在假设检验中错误地拒绝了实际上成立的原假设。

### 4.2.4 失安全系数

在探讨发表偏差的作用时，研究者最关心的是若存在发表偏差，是否会从根本上改变元分析结论的真实性，使原本有效的结果变为无效。如果发表偏差对元分析的影响较大，则只需要新增少数几个无统计学意义的研究就能够让合并效应量检验无统计学意义；反之，当发表偏差影响较小时则需要新增很多个研究才能改变检验结果。因此，可以通过计算失安全系数来判断发表偏差的影响程度。

失安全系数是指当元分析结果显著时，至少需要多少个未发表的研究才能够使研究结论从显著变成不显著，这个未发表的研究数量就是失安全系数。如果失安全系数很大就说明发表偏差问题不严重，如果失安全系数很小，如小于元分析所涵盖的研究数量 $k$，此时就有理由怀疑元分析结果是不稳定的，这就意味着元分析的发表偏差问题较为严重。失安全系数的评判标准目前有两种，一种认为失安全系数应该遵循“$5k+10$”标准，即失安全系数应当是元分析某一效应值所包含研究数量 $k$ 的 5 倍再加上 10；也有一些研究者直接将失安全系数与元分析所涵盖的研究数量 $k$ 进行对比，如果失安全系数高于 $k$，则认为元分析所涵盖研究的发表偏差问题不严重。

尽管以上方法都有助于检测发表偏差，但它们基于对数据做出不同的假设，因而各有缺点。例如，Egger 线性回归检验法与 Begg 和 Mazumdar 秩相关检验法都假设发表偏差是导致漏斗图不对称的原因，但它忽略了元分析中异质性等其他偏差来源。同样，当元分析中的研究间异质性较大时，剪补法也不可靠。

# 4.3　发表偏差检验 R 语言实例

4.2 节已经介绍了主要的发表偏差检验方法及其基本原理，本节将进一步介绍这些方法如何通过 R 语言这一工具实现，以及阐明在进行元分析时，什么样的结果是理想的。

## 4.3.1　漏斗图的 R 语言操作指导及检验结果解读

在发表偏差的检验中需要先进行漏斗图的绘制，漏斗图是调查发表偏差的主要视觉工具，较为直观。漏斗图其实检验的是 small-study effects，而 small-study effects 不一定由发表偏差导致，也可能由异质性导致。如果元分析的各研究间异质性太大（$I^2 > 75\%$）时，仍使用漏斗图不对称来判断有发表偏差是非常不合适的。在实际操作过程中，可以采用 R 语言进行漏斗图的绘制，使用到的 R 语言程序包为 metafor，首先需要加载程序包并导入数据，然后进行数据的预处理，计算出 $y_i$ 效应值和 $v_i$ 抽样方差，并转化为平均效应值。

metafor 程序包不仅支持二分类和连续型变量的元分析，还具备回归分析功能，是唯一能进行混合效应模型拟合的程序包。此外，metafor 能检测模型系数、获取可信区间，并进行精确检验，如置换检验。在进行漏斗图绘制前需要进行模型拟合，metafor 程序包进行混合效应模型拟合的方法有两种：一是在采用 escalc()函数计算出效应量及其方差后进行拟合运算，二是直接采用原始数据进行模型的拟合运算，图 4-2 中的示例使用 rma()函数基于随机效应模型（因具有异质性）进行拟合。

```
> data <- escalc(measure="ZCOR", ri = Correlation, ni = SampleSize, data=data)
  res <- rma(yi,vi, method = 'REML',data = data) # Random-effects meta-analysis
  funnel(res, level=c(90, 95, 99), shade=c("white", "gray55", "gray75"), refline=0, legend=TRUE)
```

图 4-2　使用 R 语言代码绘制漏斗图（metafor 包）

传统漏斗图使用 funnel()函数绘制。在上述代码中，使用 funnel()函数绘制轮廓增强漏斗图，轮廓增强漏斗图从统计学 99%、95%和 90%三个水平层面进行检测，并且用不同深浅的颜色表现，使得数据更加直观。图 4-2 中代码具体含义如下：escalc()函数用于计算效应值大小或者进行结果测量，measure = "ZCOR"表示进行费雪转换（Fisher's $Z$），*ri* 为表示原始相关系数的向量 $r_i$，*ni* 表示原有样本/组大小的向量 $n_i$，rma()函数使用线性（混合效应）模型框架拟合元分析等效应、固定效应和随机效应模型以及（混合效应的）元回归模型。漏斗图绘制函数中的参数含义如表 4-1 所示。

**表 4-1 漏斗图绘制函数中的参数及其含义**

| 参　数 | 参数含义 |
|---|---|
| $y_i$ | 效应值（示例中是相关系数） |
| $v_i$ | 抽样方差 |
| method | method = 'REML'表示限制性最大似然法 |
| level | 0～100，设置置信区间（CI）范围 |
| shade | 设置置信区间颜色 |
| refline | 设置参考线和置信区间中心位置 |
| legend | 在漏斗图中添加图例 |

### 4.3.2 Egger 线性回归检验法操作指导及检验结果解读

在进行漏斗图直观地分析发表偏差影响之后，还需要通过一些量化指标说明发表偏差的程度大小，进而来检验发表偏差是否会影响元分析结果。其中 Egger 线性回归检验法是常用的方法，它通过线性回归模型来检验漏斗图的对称性，适用于连续类的数据和二分类的数据。在具体操作过程中，需要使用 metafor 程序包以及 regtest()函数。Egger 线性回归检验法的 R 语言的具体代码及输出结果如图 4-3 所示，其中输出结果部分的 $p = 0.1280$，$b = 0.0376$ 表明不存在发表偏差。

```
> #Egger's检验
> regtest(res)

Regression Test for Funnel Plot Asymmetry

Model:     mixed-effects meta-regression model
Predictor: standard error

Test for Funnel Plot Asymmetry: z = -1.5220, p = 0.1280
Limit Estimate (as sei -> 0):   b =  0.0376 (CI: -0.0028, 0.0780)
```

图 4-3　Egger 线性回归检验法代码及输出结果

需要输出的数据有 $b$ 值（即图 4-3 中的 b）和显著性水平 $p$ 值，若 $b$ 值接近于零，且 $p$ 值不显著的话，则表明不存在发表偏差。Egger 线性回归检验时 $p$ 值大于 0.05，则认为不存在发表偏差，反之说明可能存在发表偏差；Begg 检验时 $p$ 值大于 0.05，则认为不存在发表偏差，反之说明可能存在发表偏差。通常情况下，研究文献数量较少时可能更偏向于使用 Begg 检验，以及当研究数量较少时（通常小于 10 时认为较少），使用 Egger 线性回归检验或 Begg 检验均不能很好地对发表偏差进行检验，因而可使用漏斗图这种直观式方式查看发表偏差问题。

### 4.3.3　失安全系数操作指导及检验结果解读

失安全系数这一方法的核心思想是，当元分析结果显著时，至少需要多少个未发表的研究才能够使研究结论从显著变为不显著（$p > 0.05$），这个未发表的研究数量即失安全系数。检验失安全系数可以使用 R 语言中的 metafor 程序包，所用函数为 fsn()，其中 $y_i$ 为效应值，$v_i$ 为抽样方差，data 为所调取的数据样本，如图 4-4 所示。

```
> #失安全系数
> fsn(yi,vi,data=data)

Fail-safe N Calculation Using the Rosenthal Approach

Observed Significance Level: <.0001
Target Significance Level:   0.05

Fail-safe N: 22163
```

图 4-4　失安全系数代码及结果

## 4.4 发表偏差预防与校正方法

根据发表偏差的成因以及发表偏差的检验方法，可得出发表偏差的预防和校正方法有文献检索和剪补法两种。

### 4.4.1 文献检索

在文献检索中纳入尽可能多的研究，尤其注意不要遗漏小样本研究、结果不显著的研究和效应值较低的研究，同时采用不同语言进行文献检索，都可以减少产生发表偏差的可能性。此外，可以采用多种数据库和文献来源进行“地毯式搜索”，如纳入检索学位论文和工作论文的数据库进行样本收集等。

文献检索不全面会导致元分析的研究数据存在缺失，此时研究者需要采取一些补救手段。数据通常会有以下三种缺失方式：完全随机缺失（missing completely at random，MCAR）、随机缺失（missing at random，MAR）、非随机缺失（missing not at random，MNAR）。完全随机缺失是指缺失的发生是完全随机的，不依赖于任何其他变量，与研究对象的特征和研究方法等无关，可以直接删除或忽略缺失数据；随机缺失是指缺失的发生是随机的，但与其他变量的取值相关，可以通过其他变量的信息来进行估计或填补缺失值；完全非随机缺失是指缺失取决于缺失数据本身的值，缺失的发生不是随机的，也不能用其他变量的取值来预测缺失值。三种数据缺失类型的影响不同，对于完全随机缺失的变量，不含缺失值的样本组成的完整样本数据可看作来自原始数据的随机样本，因此使用完整样本数据所做的分析是无偏的，但由于丢失了一些样本，分析结果的精确性可能会降低；对于随机缺失的变量，使用完整样本数据所做的分析是有偏的，但通过一些统计方法（如多重插补）可以获得无偏估计；对于非随机缺失数据，使用完整样本数据所做的分析也是有偏的，并且通常需要利用一些与缺失机制有关的外部信息。因此，当数据存在缺失时，我们可以通过合理的缺失值插补方法来进行还原。

如果说元分析缺失的研究数据完全是非系统性的，即缺失的研究数据可以看成总体的随机子样本，这种缺失可以称为完全随机缺失。然而，完全随机缺失的假定过于严格在现实中很难被满足。随机缺失术语中尽管有“随机”二字，但它并不完全是随机的，其描述的是系统缺失状态。比如，销售岗样本的员工通常需要经过情商测试和情商培训才能上岗，某个销售岗样本缺失对于所有销售岗人员而言可能是随机的，但对于整个员工样本而言却并不完全是随机缺失的。

目前大多数缺失值插补方法都是针对原始数据的缺失值来进行插补，针对类似于元分析这种二手数据分析的缺失值插补研究尚处于发展阶段，一些学者提出了有用信息缺失优势比（informative missingness odds ratio）方法来插补元分析的缺失数据。此外，针对完全随机缺失数据或者随机缺失数据的插补效果较好，而针对非随机缺失数据的插补效果并不是很理想。若发表偏差较大，还需进一步采取措施，收集相关资料信息，如与原文作者或研究组联系，查询有无阴性结果的研究，若有，则可请他们尽可能地提供相关资料等。但有时因论文发表年代久远，不易与原作者联系；若不能把发表偏差减少到一定程度，应考虑采用以下措施：①敏感性分析检验效应量估计值的稳定性，如果发现发表偏差严重影响了系统评价的结论，则应如实报告，并应提醒读者注意。②考虑排除低质量研究。当然最好的方法就是防患于未然，研究者应建立完善的检索策略，找出所有的发表文献，积极寻找还未发表或推迟发表的文献；严格评价所有的纳入研究的原始文献质量；建立与完善科研课题登记制度以及获取发表与未发表文献信息的快速通道。

### 4.4.2 剪补法

如果使用 Egger 线性回归检验或秩相关检验发现漏斗图不对称，接下来可使用剪补法进行修正。剪补法假设缺失研究很可能存在于现有研究的对称位置，即这些研究由于发表偏差而未发表。

1. 剪补法的基本原理与核心思想

剪补法由 Taylor 和 Tweedie 提出，用来估计发表偏差对最终结果的影响。其核心思想是当漏斗图出现不对称时，首先，“剪掉”漏斗图中不对称的数据，得到对称的漏斗图；其次，计算对称漏斗图的整合效应值，并将该整合效应值看作漏斗图的中心值；再次，根据得到的中心值在漏斗图的两侧“补上”被剪掉的效应值及不对称部分遗漏的效应值；最后，将填补后的效应值加权均值作为真实效应值的估计。剪补法的核心问题是估计缺失的研究数量，这可以利用非参数统计方法来实现，主要步骤是先将每个研究与平均效应值的距离计算出来，并进行排秩，$r_i^* = rank(|d_i - \overline{d}_i|)$，如果研究的效应值小于平均效应值，就将 $r_i^*$ 赋为负值，分别计算正负秩和，数值最大者定义为 $T_n$。利用这些秩值，可以估计由于发表偏差而遗漏的研究个数 $K_0$。估计遗漏个数公式如下：

$$K_0 = \frac{4T_n - n(n-1)}{2n-1}$$

如果总体的效应值已知，则只需在这个平均效应值一侧贴上缺失的部分即可。然而实际情况往往是这个总体的效应值未知，此时需要用迭代的手法，并且 Taylor 等已经证明了这种算法的收敛性。设遗漏文献数为 $k_0$，计算 $k_0$ 估值，去掉 $k_0$ 取整后数量的不对称研究数（效应量的绝对值最大的 $k_0$ 个研究），得到一个较为对称的漏斗图，利用剩余的原始研究重新估计并再次计算 $k_0$，重复裁剪过程。采用反复迭代的方法可知 $k_0$ 值趋于稳定得到 $k_0^*$。最后复原被剪切的 $k_0$ 个研究，并同时在漏斗图不对称的另一侧补上新的 $k_0^*$ 个研究并赋值（效应量大小与剪切的原始研究相同，符号相反，标准误完全相同），使漏斗图对称，并最终根据 $n + k_0^*$ 个研究计算平均效应值。

图 4-5 展示了剪补法的基本思想，其中，空心点代表已有研究的观测值，实心点代表填补数据。由图 4-5 可知，实际观测到的数据点明显集中于右侧，

这意味着左侧的效应值可能存在缺失。因此，研究者可以遵循剪补法的基本步骤，在左侧填补若干估计的数据点，从而使漏斗图恢复对称的特性。

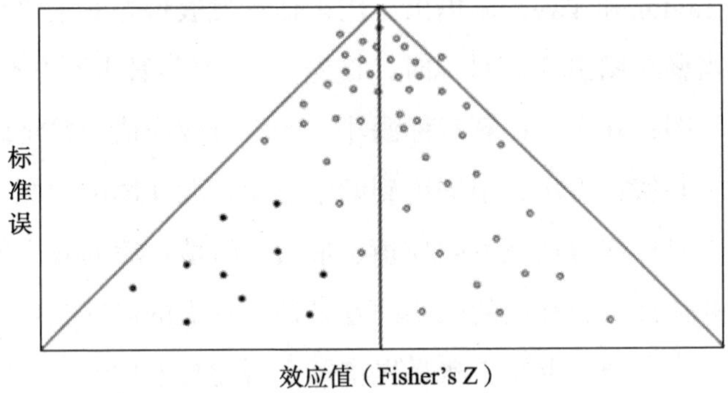


图 4-5　剪补法基本思想图例

2. 通过 R 语言用剪补法检验发表偏差的实例

剪补法的目的是判断发表偏差对于元分析结果的影响，其基本思想是：剪掉初估后漏斗图中不对称的部分，用剩余对称部分估计漏斗图的中心值，沿中心两侧补上被剪切部分以及相应的遗漏部分，最后基于补后的漏斗图估计合并效应量的真实值。因此，当漏斗图不对称性仅由发表偏差引起时，此时丢弃那些权重较低、效应值较极端的研究是合理的。此方法不适用于由于其他原因导致的不对称性（例如异质性）。此外，对发表偏差进行校正，还可以通过补充样本点来估计平均效应值。

剪补法的实施步骤通常包括几个方面：①漏斗图绘制，需要绘制一个包含所有可用研究的漏斗图，这个图形展示了不同研究的效应量及其标准误差或置信区间，从而可以直观地观察到研究结果的分布情况；②识别不对称性，通过观察漏斗图，研究者可以识别是否存在发表偏差的迹象，即漏斗图的一侧是否有不对称的分布，如果发现不对称性，表明可能存在未发表的小型研究，这些研究可能因为未能显示出显著的效应而未被发表；③填补缺失研究，剪补法通过添加这些“缺失”的研究来修正效应量的估计，这些添加的研究点通常被放置在漏斗图的对称轴上，即通过镜像对称的方法，将已发表研究的对称位置补上相应的点；④重新计算效应量，在填补了缺失的研究后，研究者需要重新计算整体效应量的估计值，一般通过元分析进行，将所有已发表的研究和填补的研究点一起纳入分析，从而得到一个更为全面的效应量估计；⑤比较修正前后结果，通过比较修正前后的效应量估计，研究者可以评估发表偏差对研究结果的影响程度。如果修正后的效应量与原始估计相差较大，表明发表偏差可能对研究结论产生了显著影响。

在 R 语言中绘制剪补法漏斗图需要用到的程序包是 metafor 包，主要使用的函数为 trimfill()和 funnel()，trimfill()函数意为使用剪补法，funnel()函数意为绘制漏斗图，而后可以对于漏斗图的坐标、图示、颜色等样式进行具体的设置，具体的代码及释义分别如图 4-6 和表 4-2 所示。

```
> trimfill(res)
  trf<-trimfill(res)
  funnel(trf, level=c(90, 95, 99), shade=c("white","gray55", "gray75","gray85"), refline=0)
  legend(0.3, 0.15, c("1> p >0.1","0.1 > p > 0.05", "0.05 > p >0.01", "< 0.01"), fill=c("white",
  "gray55", "gray75","gray85"))
  par(mfrow=c(1, 1))
```

图 4-6 剪补法 R 语言代码及输出结果

**表 4-2 剪补法漏斗图绘制函数参数**

| 参 数 | 参 数 含 义 |
|---|---|
| level | 画出置信区间 |
| shade | 设置不同置信区间区域颜色 |
| refline | 设置参考线 |
| legend | 设置图例坐标及图例颜色 |

剪补法代码及输出结果如图 4-7 所示。

```
> #剪补法
> trimfill(res)

Estimated number of missing studies on the right side: 64 (SE = 10.9531)

Random-Effects Model (k = 345; tau^2 estimator: REML)

tau^2 (estimated amount of total heterogeneity): 0.0403 (SE = 0.0034)
tau (square root of estimated tau^2 value):      0.2008
I^2 (total heterogeneity / total variability):   98.16%
H^2 (total variability / sampling variability):  54.40

Test for Heterogeneity:
Q(df = 344) = 21507.7421, p-val < .0001

Model Results:

estimate      se    zval    pval   ci.lb   ci.ub
  0.0741  0.0114  6.4984  <.0001  0.0517  0.0964  ***

---
Signif. codes:  0 ‘***’ 0.001 ‘**’ 0.01 ‘*’ 0.05 ‘.’ 0.1 ‘ ’ 1
```

图 4-7　剪补法代码及输出结果

如图 4-8 所示，剪补的缺失文献落在显著区域（$p < 0.01$），则认为没有足够证据相信发表偏差存在，说明漏斗图不对称另有原因，可能是由于低质量小样本研究导致，也可能是存在异质性。

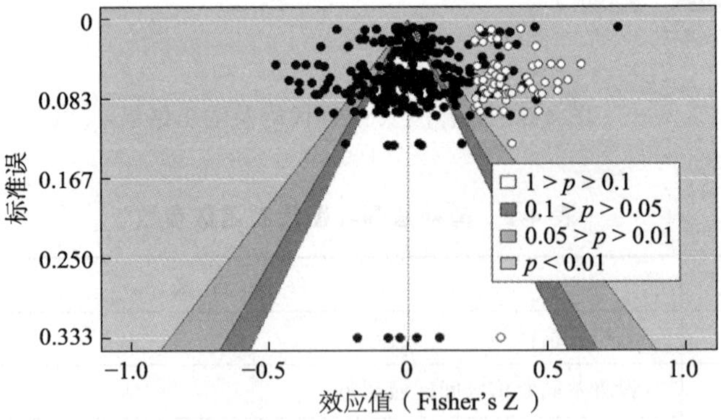


图 4-8　剪补法漏斗图示例

剪补法的优点在于它提供了一种直观且易于理解的方式来评估和修正发表偏差。然而，这种方法也有局限性，如它依赖于对漏斗图的主观判断，以及填补缺失研究的假设可能并不总是准确。因此，剪补法通常与其他评估发表偏差的方法结合使用，以提供更全面的评估和更可靠的研究结果。总的来说，剪补法是一种有用的工具，可以帮助研究者识别和纠正可能存在的发表偏差问题，从而提高研究结果的准确性和可信度。

# / 第 5 章 /

# 效应值估计模型

在开展元分析之前，研究者面临的一个关键决策是选择适当的效应值估计模型。第 3 章和第 4 章已经讲述了如何提取、转化效应值和对文献样本进行发表偏差检验。在检验样本和提取效应值之后，研究者需要对效应值进行合并，此时则需要根据研究问题选择效应值模型来进行合并。效应值模型的选择不仅会影响最终的研究结论，还决定了如何处理不同研究间的变异性（异质性）。元分析中常用的模型包括固定效应模型、随机效应模型（random effects model）以及较为复杂的三水平随机效应模型（three-level random effects model）。固定效应模型假设所有纳入的研究共享一个共同的真实效应，适用于研究间差异较小或可以忽略的情况。随机效应模型则假设不同研究可能具有不同的真实效应，更加适用于处理异质性较大的研究集合。随着研究方法的进一步发展，三水平随机效应模型也被引入，以处理多个层次上的变异性，尤其是在复杂的研究设计中。本章将详细讨论这些模型的理论基础、适用条件以及在效应值整合中的应用。此外，本章还将探讨如何通过异质性检验评估研究间的差异性，并解释这些模型在实际操作中的选择依据。

## 5.1　固定效应模型

在元分析中，固定效应模型是一种常用的方法，它假设所有研究都具有相同的真实效应值，观察到的效应差异仅仅是由抽样误差引起的。接下来将具体介绍元分析的固定效应模型。

这里假设一个带有单个效应值 $y_i$ 的固定效应元分析。$y_i$ 代表第 $i$ 项研究中的一个观测效应值，可以是优势比、标准化均值差、相关系数、Fisher's $Z$ 的相关系数或其他效应值。当样本量足够大时，假设 $y_i$ 具有已知的抽样方差 $v_i$，即 $y_i \sim N(f_i, v_i)$，其中 $f_i$ 是第 $i$ 项研究中的真实效应值。真实效应值 $f_i$ 表示在没有抽样误差时的总体效应值。在固定效应模型下，假定每个研究的真实效应值是相等的，即 $\beta_F = f_1 = f_2 = \cdots = f_k$ 是共同效应值。

第 $i$ 项研究的固定效应模型为 $y_i = \beta_F + e_i$。

其中 $\mathrm{Var}(e_i) = v_i$ 是已知的抽样方差。在该模型下，观察到的效应值的差异仅由抽样误差造成。如果抽样误差为零，则所有研究的总体效应值都是相同的。

图 5-1 展示了固定效应模型的基本原理。其中，$a_i$ 为第 $i$ 个研究的抽样误差，每个研究的真实值和通过样本得到的观测值之间会在抽样过程中产生抽样误差，如果样本量为每个研究的总体，则抽样误差为 0；$T_i$ 为每个研究的真实效应值；$O_i$ 为每个研究的观测效应值。

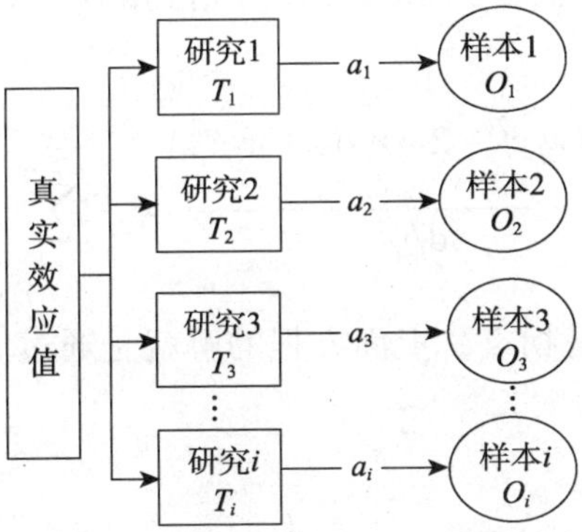


图 5-1　固定效应模型的基本原理

由固定效应假设可知，每个研究的真实效应值都是 $T$，即 $T_1 = T_2 = T_3 = T_i = T$。虽然三个研究的观测效应值都不一样，但这是由它们各自的抽样误差 $a_i$ 造成的，观测效应值、真实效应值及抽样误差之间的关系为

$$O_1 = T + a_1$$

$$O_2 = T + a_2$$

$$O_3 = T + a_3$$

……

因此，固定效应模型的观测效应值等于真实效应值与抽样误差之和，即

$$O_i = T + a_i$$

### 5.1.1 固定效应模型效应值估计

本小节主要介绍固定效应模型对真实效应值估计的理论推导过程，这里我们使用了加权最小二乘（WLS）估计方法来估计真实效应值 $\beta_F$，并通过估计标准误差 SE 来量化估计的精度。

将 $y_i$ 视为已知，使用 WLS 估计方法的准则 $F_{\text{WLS}}$ 来估计 $\beta_F$，有

$$F_{\text{WLS}} = \sum_{i=1}^{k} w_i (y_i - \beta_F)^2$$

式中，$w_i = \dfrac{1}{v_i}$，为了解上述方程，我们对 $F_{\text{WLS}}$ 相对于 $\beta_F$ 进行求导，则

$$\frac{\mathrm{d}F_{\text{WLS}}}{\mathrm{d}\beta_F} = \frac{\mathrm{d}\sum_{i=1}^{k}(w_i y_i^2 - 2w_i y_i \beta_F + w_i \beta_F^2)}{\mathrm{d}\beta_F} = -2\sum_{i=1}^{k} w_i y_i + 2\sum_{i=1}^{k} w_i \beta_F$$

设 $\dfrac{\mathrm{d}F_{\text{WLS}}}{\mathrm{d}\beta_F} = 0$ 以求得拐点，上面方程的解就是通过 $w_i$ 作为权重得到的 $y_i$ 的加权平均值

$$\hat{\beta}_F = \frac{\sum_{i=1}^{k} w_i y_i}{\sum_{i=1}^{k} w_i}$$

上述公式背后的思路是具有更高精度的观察到的效应大小被赋予更多的权重。为了证明解是局部最小值，接下来对 $\beta_F$ 求二阶导数，有

$$\frac{\mathrm{d}^2 F_{\mathrm{WLS}}}{\mathrm{d}\beta_F^2} = 2\sum_{i=1}^{k} w_i$$

因为 $w_i$ 总是正的，$2\sum_{i=1}^{k} w_i > 0$，因此，解是局部最小值。估计 $\hat{\beta}_F$ 之后，还需要通过估计 SE 或 CI 来量化估计的精度。估计的 SE 或 CI 可用于检验零假设并得出统计推断。

在介绍如何估计 $\hat{\beta}_F$ 上的抽样方差之前，本书将首先介绍以下公式。设 $X$ 是 $x_1, x_2, \cdots, x_k$ 的加权平均值，其中 $x_1 \sim x_k$ 为自变量，则

$$X = \frac{a_1 x_1}{A} + \frac{a_2 x_2}{A} + \cdots + \frac{a_k x_k}{A}$$

式中，$a_i$ 是一个常数，$A = \sum_{i=1}^{k} a_i$，我们计算 $X$ 的方差为

$$\begin{aligned}\mathrm{Var}(X) &= \mathrm{Var}\left(\frac{a_1 x_1}{A} + \frac{a_2 x_2}{A} + \cdots + \frac{a_k x_k}{A}\right) = \frac{1}{A^2}\mathrm{Var}(a_1 x_1 + a_2 x_2 + \cdots + a_k x_k) \\ &= \frac{1}{A^2}\sum_{i=1}^{k} a_i^2 \mathrm{Var}(x_i)\end{aligned}$$

由于 $\hat{\beta}_F$ 是 $y_i$ 的加权平均值，需要将 $w_i \Big/ \sum_{i=1}^{k} w_i$ 作为常数，应用上式可得 $\hat{\beta}_F$ 的抽样方差，即

$$\begin{aligned}\mathrm{Var}(\hat{\beta}_F) &= \mathrm{Var}\left(\frac{\sum_{i=1}^{k} w_i y_i}{\sum_{i=1}^{k} w_i}\right) = \frac{1}{\left(\sum_{i=1}^{k} w_i\right)^2}\sum_{i=1}^{k}\mathrm{Var}(w_i y_i) \\ &= \frac{1}{\left(\sum_{i=1}^{k} w_i\right)^2}\sum_{i=1}^{k} w_i^2 \frac{1}{w_i} = \frac{\sum_{i=1}^{k} w_i}{\left(\sum_{i=1}^{k} w_i\right)^2} = \frac{1}{\sum_{i=1}^{k} w_i}\end{aligned}$$

因此，$\hat{\beta}_F$ 的标准误可以简单表示为 $\sqrt{\mathrm{Var}\left(\hat{\beta}_F\right)}$。

### 5.1.2 效应值同质性检验

由于固定效应模型假设所有研究效应值相同，可以通过 Cochran's $Q$（统计量 $Q$）检验来评估研究间异质性。本小节主要介绍检验统计量 $Q$ 的计算公式和局限性。

在固定效应模型下，观察到的效应大小的差异仅仅是抽样误差。以下公式通过计算统计量 $Q$ 来检验数据是否与固定效应模型一致：

$$Q=\sum_{i=1}^{k}w_i\left(y_i-\hat{\beta}_F\right)^2$$

在效应值同质性的原假设下，$H_0$：$\beta_F=f_1=f_2=\cdots=f_k$，统计量 $Q$ 呈卡方分布，自由度为（$k-1$）。当权重 $w_i$ 是一个真正的常数时，统计量 $Q$ 呈现精确的卡方分布。由于 $w_i$ 是在元分析中估计的，大多数效应值近似为正态分布，因此上述公式仅近似为卡方分布。

然而，统计量 $Q$ 具有一定的局限性。在计算机模拟研究的基础上，一般发现统计量 $Q$ 具有 I 型错误，此时在检测效应值非同质性方面的检验能力很低，特别是在研究数量较少、每项研究的样本量较小、效应值非同质性程度较低的情况下。

## 5.2 随机效应模型

固定效应模型假设所有的研究都具有相同的真实效应值。然而，研究可能在样本、测量和质量方面有所不同。因此，期望所有的研究都有相同的真实效应值可能是不合理的。在此背景下，随机效应模型允许每个研究有自己的真实效应值，可以将第 $i$ 个研究中观测到的效应值 $y_i$ 及其真实效应值 $f_i$ 的方程写成两级模型：

$$\text{Level 1}: y_i = f_i + e_i$$
$$\text{Level 2}: f_i = \beta_R + u_i$$

式中，$\beta_R$ 是随机效应模型下的平均总体效应值；$u_i \sim N(0, \tau^2)$，是需要估计的异质性方差。因为 $\tau^2$ 是真实效应值的方差，所以理论上不受抽样误差的影响。或者，可以将这两个层次合并成一个单层次方程：

$$y_i = \beta_R + u_i + e_i$$

当 $u_i$ 和 $e_i$ 独立时（这是元分析中的通常假设），从上述公式中可以清楚地看出：

$$\text{Var}(y_i) = \tau^2 + v_i$$

应该注意的是，$v_i$ 取决于样本量，而 $\tau^2$ 则不是。当给定真实效应大小 $f_i$ 时，可观察到效应值 $y_i$ 在 $f_i$ 周围变化，抽样方差为 $v_i$。人们期望观察到的效应值 $y_i$ 应以 $\beta_R$ 为中心，样本方差为 $\tau^2$ 和 $v_i$ 的和。在文献中，（$\tau^2 + v_i$）和 $v_i$ 分别被称为无条件方差和条件方差。随机效应模型中有两个未知参数 $\beta_R$ 和 $\tau^2$，而固定效应模型中只有一个参数 $\beta_F$。

图 5-2 展示了随机效应模型的基本原理。$a_i$ 为第 $i$ 个研究的抽样误差；$b_i$ 为每个研究的研究间误差；$T_i$ 为每个研究的真实效应值；$O_i$ 为每个研究的观测效应值。由图 5-2 可知，观测效应值与真实效应值总体均值之间的差异包括研究间误差（即总体均值 $\bar{T}$ 与第 $i$ 个研究真实效应值 $T_i$ 之间的差值）及研究内的抽样误差（第 $i$ 个研究真实效应值 $T_i$ 与其观测效应值 $O_i$ 之间的差值）两部分。观测效应值、总体均值、研究间误差及研究内抽样误差的关系为

$$O_1 = \bar{T} + a_1 + b_1$$

$$O_2 = \bar{T} + a_2 + b_2$$

$$O_3 = \bar{T} + a_3 + b_3$$

……

因此，随机效应模型的观测效应值等于总体均值 $\bar{T}$、研究间误差 $b_i$ 及研究

内抽样误差 $a_i$ 之和，即

$$O_i = \overline{T} + a_i + b_i$$

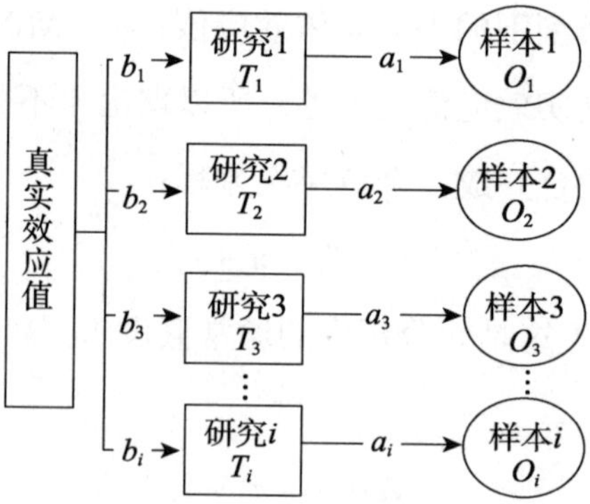


图 5-2 随机效应模型的基本原理

### 5.2.1 随机效应模型效应值估计

本小节主要介绍随机效应模型对真实效应值估计的理论推导过程。拟合随机效应模型通常需要两个步骤，第一步，估计方差分量 $\tau^2$，本小节将介绍三种估算 $\tau^2$ 的方法；第二步，通过将估计的方差分量 $\tau^2$ 视为已知，来估计固定效应 $\beta_R$，这里使用的是 WLS 估计方法。

1. 估计方差分量 $\tau^2$

有几种常见的估计方差分量 $\tau^2$ 的方法。这里介绍常见的三种方法：未加权矩量法（UMM）、加权矩量法（WMM）和最大似然估计（ML）。

（1）UMM。

Hedges 提出了 UMM 来估计 $\tau^2$，UMM 的思路是使统计量的期望值与其样本值相等。我们可以定义 $y_i$ 的方差为

$$S_y^2 = \frac{\sum_{i=1}^{k}(y_i - \overline{y})^2}{k-1}$$

这里的 $\bar{y}=\sum_{i=1}^{k} y_i/k$。Hedges 注意到 $S_y^2$ 的期望值为

$$E(S_y^2)=\tau^2+\frac{\sum_{i=1}^{k} v_i}{k}$$

通过使 $S_y^2=\frac{\sum_{i=1}^{k}(y_i-\bar{y})^2}{k-1}$ 和 $E(S_y^2)=\tau^2+\frac{\sum_{i=1}^{k} v_i}{k}$ 的矩量相等，得到基于 UMM 的 $\tau^2$ 的无偏估计量为

$$\hat{\tau}^2_{\text{UMM}}=S_y^2-\frac{\sum_{i=1}^{k} v_i}{k}$$

由于这个估计量易于计算，看起来很有吸引力。然而，当 $S_y^2<\frac{\sum_{i=1}^{k} v_i}{k}$ 时，即使统计量 $Q$ 很大甚至具有统计意义，也可以为负。因此，根据统计量 $Q$ 得出的推论，可能会与 $\hat{\tau}^2_{\text{UMM}}$ 不一致。

（2）WMM。

DerSimonian 和 Laird 提出了 WMM 来估计 $\tau^2$。这些作者注意到统计量 $Q$ 的期望值为

$$E(Q)=c\tau^2+k-1$$

这里的 $c=\sum_{i=1}^{k} w_i-\frac{\sum_{i=1}^{k} w_i^2}{\sum_{i=1}^{k} w_i}$。当 $\tau^2=0$ 时，统计量 $Q$ 的期望值为 $k-1$。因此，在 $Q=\sum_{i=1}^{k} w_i\left(y_i-\hat{\beta}_F\right)^2$ 中 $\tau^2=0$ 的假设下，统计量 $Q$ 近似为自由度为 $k-1$ 的卡方分布。我们可以基于 WMM 得到 $\tau^2$ 的无偏估计量，即

$$\hat{\tau}_{\mathrm{WMM}}^2=\frac{Q-(k-1)}{c}$$

如果 $\hat{\tau}_{\mathrm{WMM}}^2$ 为负，则通常截断为 0。WMM 一个吸引人的特点是它与统计量 $Q$ 的显著性检验是一致的。当统计量 $Q$ 大于它的自由度时，$\hat{\tau}_{\mathrm{WMM}}^2$ 为正。

（3）ML。

–2*LL* 是负二倍对数似然值（negative two-log likelihood）的缩写，在模型评估和比较中，–2*LL* 是一个重要的指标。一般来说，在多个竞争模型中，–2*LL* 值越小，说明模型对数据的拟合程度越好，即该模型能够更合理地解释观测数据。在元分析等统计分析场景中，也常用到–2*LL* 来辅助判断模型的优劣以及进行参数估计等操作。

根据模型 $y_i=\beta_R+u_i+e_i$，随机效应元分析的 $-2LL_i$ 为

$$-2LL_i\left(\beta_R,\tau^2\right)=\log(2\pi)+\log(\tau^2+v_i)+\frac{\left(y_i-\beta_R\right)^2}{\tau^2+v_i}$$

通过求解 $-2LL(\theta)=-\sum_{i=1}^{n}2LL_i(\theta)$ 设为零的偏导数得到 $\beta_{R(\mathrm{ML})}$ 和 $\tau_{\mathrm{ML}}^2$ 的 ML 估计。$\hat{\beta}_{R(\mathrm{ML})}$ 的一个吸引人的性质是，即使在小样本中，它也是无偏的。然而，在元分析中使用 ML 仍然存在一些问题。首先，$v_i$ 被视为已知的而不是估计的。其次，$\hat{\tau}_{\mathrm{ML}}^2$ 有轻微的负偏倚。基于结构方程模型的元分析主要使用 ML 作为估计方法。

2. 估计固定效应 $\beta_R$

在估计异质性方差后，可以计算无条件抽样方差，使用 $\tilde{v}_i=v_i+\tau_i^2$ 作为权重。将 $\tilde{v}_i$ 视为已知，并使用 WLS 估计方法最小化 $F_{\mathrm{WLS}}$：

$$F_{\mathrm{WLS}}=\sum_{i=1}^{k}\tilde{w}_i\left(y_i-\beta_R\right)^2$$

这里的 $\tilde{w}_i=1/\tilde{v}_i$，其解与固定效应模型的解类似，即以 $\tilde{w}_i$ 为权重，求 $y_i$

的加权均值：

$$\hat{\beta}_R = \frac{\sum_{i=1}^{k} \tilde{w}_i y_i}{\sum_{i=1}^{k} \tilde{w}_i}$$

$\hat{\beta}_R$ 的抽样方差也可以类似于固定效应模型：

$$\mathrm{Var}\left(\hat{\beta}_R\right) = \frac{1}{\sum_{i=1}^{k} \tilde{w}_i}$$

由于 $\hat{\tau}^2$ 是非负的，固定效应模型中的 $v_i$ 不可能大于随机效应模型中的 $\tilde{v}_i$。这表明 Var（$\hat{\beta}_R$）≥Var（$\hat{\beta}_F$）。换句话说，固定效应模型下计算出的置信区间通常比随机效应模型下计算出的置信区间短。如果固定效应模型不正确地应用于 $\tau^2$ 不为零的研究中，则标准误差和置信区间都可能被低估。Schmidt 等发现，发表在（心理学报）上的元分析大多使用固定效应模型，而不是随机效应模型。Schmidt 等认为应该常规使用随机效应模型。如果估计的 $\tau^2$ 为零，则随机效应模型自动变为固定效应模型。在估计 Var（$\hat{\beta}_R$）时，还应该注意到，$\hat{\tau}^2$ 被视为已知的而不是估计的。因此，Var（$\hat{\beta}_R$）小于 $\hat{\beta}_R$ 的真实变异性。

### 5.2.2　效应值异质性程度的量化

异质性主要用来评价不同研究效应值差异的程度。

实践中，造成不同研究效应值存在异质性的原因有很多，其中有一些是研究方法和设计方面的差异带来的异质性，如不同质的样本（如员工样本或者管理层样本、年长样本或者年轻样本、以男性为主的样本或者以女性为主的样本）、不同的样本回应率（如三成或者九成的回应率）、不同的变量测量方法（如自我报告测量或者他评测量、主观测量或者客观测量）、不同的研究设计（如实验设计或者调查设计）、不同的变量操控方法（如启动法或者角色扮演法）、不同行业的样本（如制造业或者服务业）、不同国家的样本（如中国样本或者美国样本）、不同时间跨度的研究设计（如纵贯研究设计或者横剖研究设计）。

另外，还有一些是深层次的情境特征导致的效应值差异，如不同样本员工所在企业的文化和领导风格都可能造成两个变量关系的效应值出现较大的异质性。因此，研究者通常通过异质性指标来判断是否有必要做进一步的调节效应分析。

虽然统计量 $Q$ 可以用来检验效应值的同质性，但它并不能表明异质性的程度。当涉及的研究数量很大时，统计量 $Q$ 可能很重要。然而，当涉及的研究数量少，较大的统计量 $Q$ 可能不显著。这时，异质性方差 $\tau^2$ 可以用来表示研究的异质性。$\tau^2$ 的一个主要限制是它依赖于效应值的类型。例如，在平均差（mean difference）或相关系数中，$\hat{\tau}^2 = 0.1$ 可能表示不同程度的异质性。

Higgins 和 Thompson 提出了三个不依赖于效应值类型的指标来量化效应值的异质性。它们分别是 $H$、$R$ 和 $I^2$。$H$ 是统计量 $Q$ 的平方根除以它的自由度；$R$ 为 $\hat{\beta}_R$ 的 SE 与 $\hat{\beta}_R$ 的 SE 之比，$I^2$ 为研究间异质性与研究总变异的比值。

在这三个指标中，$I^2$ 使用最广泛。这里主要介绍 $I^2$。它的通式为

$$I^2 = \frac{\hat{\tau}^2}{\hat{\tau}^2 + \tilde{v}}$$

式中，$\tilde{v}$ 是典型的研究内抽样方差；$I^2$ 可以解释为由于研究间异质性导致的效应大小总变异的比例。$I^2$ 有几个优点：首先也是最重要的一点是，它足够普遍，可以应用于不同类型的效应值；其次 $I^2$ 的值不取决于研究的数量。根据经验，Higgins 等认为 $I^2$ 分别为 25%、50%和 75%可被认为是低、中、高异质性。值得注意的是，这些建议是基于医学研究的元分析得来的。它们可能适用于也可能不适用于其他领域，不要将这些建议视为标准。由于抽样误差的程度取决于主要研究中使用的样本量，因此当主要研究的样本量增大时，$I^2$ 也会增大。

由于在不同的研究中 $v_i$ 可能有所不同，典型的研究内抽样方差有几种可能

的定义。Takkouche 等建议使用 $v_i$ 的调和平均值作为 $I^2 = \dfrac{\hat{\tau}^2}{\hat{\tau}^2 + \tilde{v}}$ 中典型的研究内抽样方差，即

$$\tilde{v}_{\text{HM}} = \frac{k}{\sum_{i=1}^{k} 1 / v_i}$$

Takkouche 等将利用 $\tilde{v}_{HM}$ 计算得到的 $I^2$ 称为 $R_I$。

Higgins 和 Thompson 倾向于使用统计量 $Q$ 定义 $I^2 = \dfrac{\hat{\tau}^2}{\hat{\tau}^2 + \tilde{v}}$ 中典型的研究内抽样方差：

$$\tilde{v}_Q = \frac{(k-1)\sum_{i=1}^{k} 1 / v_i}{\left(\sum_{i=1}^{k} 1 / v_i\right)^2 - \sum_{i=1}^{k} 1 / v_i^2}$$

使用 $\tilde{v}_Q$ 作为典型的研究内抽样方差的一个优点是，$I^2$ 可以简化为 $I_Q^2 = \left(Q - (k-1)\right) / Q$。

除了这两个估计量，Xiong 等还讨论了一个基于 $v_i$ 算术平均值的 $I^2$ 估计量：

$$\tilde{v}_{\text{AM}} = \sum_{i=1}^{k} \frac{v_i}{k}$$

应当指出，一般来说，$I^2$ 不用于估计任何总体数量。这是因为它包含了根据具体研究计算出来的 $\tilde{v}$。如果选择一组不同的研究，那么 $\tilde{v}$ 可能会有所不同。随着每项研究的样本量越来越大，$I^2$ 趋近于 1，而 $\tilde{v}$ 趋近于 0。因此，$I^2$ 被用作描述性统计量而不是推断性统计量。尽管没有检验任何总体参数，$I^2$ 上的置信区间可能仍然有助于量化 $I^2$ 的精度。Higgins 和 Thompson 以及 Takkouche 等讨论了几种在 $I^2$ 上构建置信区间的方法。

## 5.3 三水平随机效应模型

本小节将提出一个能够解决效应值依赖问题的三水平随机效应模型，介绍三水平随机效应模型和其分析方法。三水平随机效应模型是一种用于处理效应值依赖的复杂元分析模型，通常用于具有层级结构的数据，尤其是在研究效应值存在群组依赖（如多个效应值来自同一研究或同一实验室）时。三水平随机效应模型扩展了经典的随机效应模型。

### 5.3.1 效应值依赖问题

在元分析中使用的大多数统计方法都假设效应值是独立的。在许多研究环境中，效应值之间的独立性假设似乎不合理。当效应值不独立时，假设效应值独立的传统元分析的结果就不再正确。

在许多研究环境中，效应值都是不独立的。例如，在跨文化元分析中，来自同一种族群体的参与者可能具有相似的价值观、信仰和心理属性。同一研究团队或作者报告的效应值可能比其他研究团队或作者报告的效应值更相似。在不同的出版物中使用相同的数据集也可能引入对效应大小的依赖。单一案例研究可能会报告同一受试者的多重效应大小。研究还可能报告在多个时间点或条件下对类似结构的多个效应值，而效应值之间具有相关性，且相关程度仍然未知。

效应值的依赖可能是由进行初步研究的研究者或进行元分析的作者引入的。例如，进行初步研究的研究者可能会从多个地点收集数据；他们可能会将不同的治疗组与相同的对照组进行比较，或者对相同的结构使用多种测量方法。当汇总统计用于元分析时，这些效应值不是独立的。

另外，将元分析概念化的审稿人也可能引入依赖性。例如，进行跨文化元分析的评论者可能会假设文化在心理过程中起着重要作用。预计来自同一文化群体的参与者报告的效应值可能比来自其他文化群体的效应值更相似。在进行元分析时，尽管主要研究是由不同的研究者独立进行的，但研究自然会被归类为文化群体。

### 5.3.2　处理效应值依赖的常用方法

当前学者已经探索出几种策略来处理效应值的不独立的问题。

1. 忽略依赖性

一种不正确的策略是简单地忽略相关性，而把数据看作是独立的来分析。目前，已有学者做了关于在多层建模中忽略依赖性的影响研究。一般的结论是，参数估计的相关标准误差 SE 可能被低估。I 型错误率通常被夸大。研究者可能会错误地得出存在效应的结论，但事实上，这种显著性是由于忽略了效应大小的依赖性。在元分析中，忽略相关性通常是不可接受的。

2. 给研究中不独立的效应值作平均（聚合法）

解决依赖性的一种方法是将相关效应值作平均，并在随后的分析中使用平均效应值，这种方法也称为聚合。关于如何平均依赖效应值，已经提出了几种方法。一种简单的方法是在一项研究中平等地对相关效应值进行加权。假设在第 $j$ 个研究中存在两个相关效应值 $y_{1j}$ 和 $y_{2j}$，它们的抽样方差为 $v_{1j}$ 和 $v_{2j}$，协方差为 $v_{12j}$。如果 $v_{12j}$ 是未知的，可以使用基于专家知识或其他来源的 $t$ 进行特别估计。研究者可以计算平均效应大小 $y_j = 0.5(y_{1j} + y_{2j})$，其抽样方差 $v_j = 0.25(v_{1j} + v_{2j} + 2v_{12j})$。

以上方法的主要优点是易于应用。平均后，每个研究只有一个效应值。传统的元分析技术可以直接应用。虽然这些方法可以有效地消除效应值之间的依赖性，但也存在一些局限性。一是，测试的统计能力可能会受到影响，因为有关数据的一些信息将会丢失。二是，这些方法可能会限制在元分析中可以解决的研究问题。例如，研究者可能想要调查教学计划对学生的有效性。虽然研究

通常根据学生报告 $y_{1j}$ 和教师评价 $y_{2j}$ 来报告教学效果，但如果评论者将学生报告和教师评价的效应大小平均，则不可能测试学生报告和教师评价之间的差异。

在对研究中的效应值进行平均计算时，研究者通常通过使用简单平均或加权平均来计算每项研究的平均效应值。这意味着假设研究中的效应大小是均匀的。一项研究中效应大小的差异仅仅是由于抽样误差造成的。在元分析中，研究中效应大小的同质性假设可能会受到质疑。即使在同一项研究中使用了相同的样本，但由于使用了不同的测量方法，同一项研究中的真实总体效应大小仍可能有所不同。

3. 每项研究选择一个效应值（消除法）

另一种方法是每项研究只选择一个效应值，使效应值是独立的。与平均法中列出的问题类似，消除法影响了元分析的统计能力，因为一些效应值被排除在外。以前面关于教学计划有效性的例子为例，审稿人可能需要在基于学生自己报告的教学有效性和基于教师评价的效果大小之间进行选择。

4. 转移分析单元

Cooper 提出了一种称为转移分析单元的方法。基本思想是选择分析单元，然后对单元内的效应大小应用平均。例如，当需要对合并效应值进行总体估计时，分析单位是每个研究。在进行分析之前，要先在研究中取相关效应值的平均值。由于每项研究只贡献一个效应值，因此平均效应是基于独立样本计算的。在检查研究特征时，如比较不同性别群体的影响，依赖效应大小在性别群体内平均。这种方法可以减少依赖的影响。然而，它并非没有限制。在这种方法下，诸如平均过程中研究中的信息丢失和假设同质性等问题尚未得到解决。由于不同的数据集用于解决不同的研究问题，因此不能保证研究结果是一致的。正如 Cooper 所指出的，因为数据结构必须根据研究问题进行更改，管理数据的过程也变得复杂。

综上所述，常用的解决思路都有不足之处，主要体现在：第一，忽略非独立性，假设它们是相互独立的；第二，将同一个研究中的效应值生成一个平均效应值——导致信息丢失，降低统计检验力；第三，每个研究仅选择一个效应值——假设同一个研究中的效应值是同质的，但是该假设未必成立。

### 5.3.3　三水平随机效应模型介绍

在 5.3.1 节和 5.3.2 节部分介绍了研究环境中存在的效应值依赖问题和处理效应值依赖的常用方法及其不足。本节将主要介绍一种能够解决效应值依赖的新思路——三水平随机效应模型，该模型通过考虑效应值的多层次依赖性，有效地解决了传统固定效应模型或随机效应模型中无法处理的问题，尤其适用于那些研究内有多个效应量或研究间存在依赖关系的元分析情境。通过引入不同层次的随机效应，该模型能够精确地描述和估计总体效应值，并因考虑了研究内外的变异性，从而弥补了固定效应模型和随机效应模型在处理效应值依赖性方面上的不足。

固定效应模型是随机效应模型的特例，而随机效应模型是三水平随机效应模型的特例。为了固定符号，$y_{ij}$ 是第 $j$ 个群组中的第 $i$ 个效应值。群组的定义取决于数据结构和研究问题。例如，$y_{ij}$ 可以表示第 $j$ 个研究中的多个效应值之一；也可以代表跨文化元分析中第 $j$ 个文化群体的研究之一。由于最常见的依赖类型是研究中嵌套的多个效应值，为了便于讨论，本章表示为第 $j$ 个研究中的第 $i$ 个效应值。

三水平随机效应模型描述如下：

$$\text{Level 1: } y_{ij} = \lambda_{ij} + e_{ij}$$

$$\text{Level 2: } \lambda_{ij} = f_j + u_{(2)ij}$$

$$\text{Level 3: } f_j = \beta_0 + u_{(3)j}$$

式中，$\lambda_{ij}$ 为真实效应大小；$e_{ij}$ 为第 $j$ 个聚类中第 $i$ 个效应值的已知抽样方差；$f_j$ 为第 $j$ 个聚类的真实效应大小；$\beta_0$ 为平均总体效应；$\mathrm{Var}(u_{(2)ij}) = \tau_{(2)}^2$，$\mathrm{Var}(u_{(3)j}) = \tau_{(3)}^2$，分别为二水平（Level 2）和三水平（Level 3）的异质性方差。

因此，$\beta_0$ 表示所有效应值的平均效应，而研究特定的 Level 2 和 Level 3 随机效应时允许每个效应值 $y_{ij}$ 有自己的真实总体效应值。

与随机效应模型类似，可以将方程合并为一个方程：

$$y_{ij} = \beta_0 + u_{(2)ij} + u_{(3)j} + e_{ij}$$

采用了多层模型中的标准假设。假设不同水平的随机效应与抽样误差相互独立：

$$\mathrm{Cov}(u_{(2)ij}, u_{(3)j}) = \mathrm{Cov}(u_{(2)ij}, e_{ij}) = \mathrm{Cov}(u_{(3)j}, e_{ij}) = 0$$

同一群组的二级随机效应和群组间的三级随机效应是相互独立的：

$$\mathrm{Cov}(u_{(2)ij}, u_{(2)kj}) = 0$$

$$\mathrm{Cov}(u_{(3)m}, u_{(3)n}) = 0$$

基于上述假设，可以得出

$$E(y_{ij}) = \beta_0$$

$$\mathrm{Var}(y_{ij}) = \mathrm{Var}(u_{(2)ij}) + \mathrm{Var}(u_{(3)j}) + \mathrm{Var}(e_{ij}) = \tau_{(2)}^2 + \tau_{(3)}^2 + v_{ij}$$

同一第 $j$ 个群组内两个效应值的协方差为

$$\begin{aligned}\mathrm{Cov}(y_{ij}, y_{kj}) &= \mathrm{Cov}(u_{(2)ij} + u_{(3)j} + e_{ij}, u_{(2)kj} + u_{(3)j} + e_{kj}) \\ &= \mathrm{Cov}(u_{(3)j}, u_{(3)j}) = \tau_{(3)}^2\end{aligned}$$

来自不同群组的两个效应值的协方差为

$$\mathrm{Cov}(y_{ij}, y_{mn}) = 0$$

简而言之，效应值的无条件样本方差等于二级和三级异质性与已知抽样方差的总和。同一群组中的效应值具有相同的协方差 $\tau_{(3)}^2$，而不同群组中的效应值是独立的。

图 5-3 展示了三水平随机效应模型的基本原理。$a_{ij}$ 为研究的抽样误差；$b_{2ij}$ 为群组内异质性；$b_{3j}$ 为群组间异质性；$O_{ij}$ 为每个研究的观测效应值。由图 5-3 可知，观测效应值、总体均值、群组间误差、群组内误差和抽样误差的关系为

第一层：$O_{ij} = T_{ij} + a_{ij}$；

第二层：$T_{ij} = C_j + b_{2ij}$；

第三层：$C_j = \bar{T} + b_{3j}$；

因此，三水平随机效应模型的观测效应值等于总体均值、群组间误差 $b_{3j}$、群组内误差 $b_{2ij}$ 和抽样误差 $a_{ij}$ 之和，即

$$T_i = \bar{T} + b_{3j} + b_{2ij} + a_{ij}$$

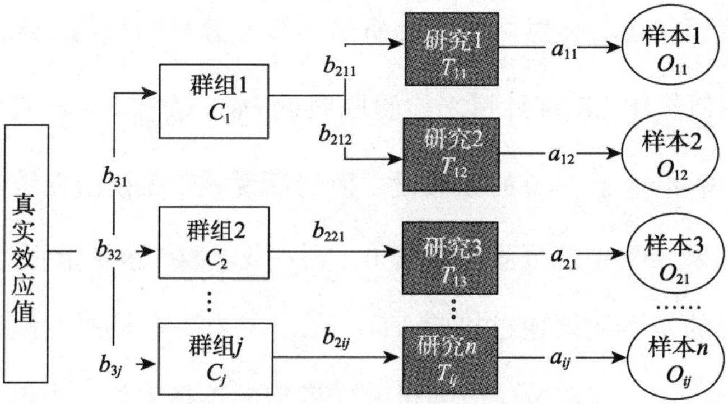


图 5-3　三水平随机效应模型

## 5.3.4　三水平随机效应模型的假设检验

在三水平随机效应元分析模型中，通常假设存在三种层次的方差：群组间、群组内和抽样误差的方差，本小节将主要介绍三水平随机效应模型的假设检验，假设检验的目的是确定这三层误差是否显著。同时，本小节也补充了检验分析二水平和三水平之间的异质性差异大小的方法。

1. 检验效应值同质性

与随机效应模型一样，研究者可能想要检验效应值同质性的假设。假设每项研究有 $k$ 个群组，每项研究最多有 $p$ 个效应值。效应值同质性的原假设为 $H_0$：$\mu_{11} = \mu_{21} = \cdots = \mu_{1k} = \cdots = \mu_{pk}$。当所有的总体效应值在零假设下相同时，不存在群组效应。因此，可以直接应用 Cochran 提出的传统统计量 $Q$，即

$$Q=\sum_{i=1}^{n}w_i(y_i-\hat{\beta}_F)^2$$

式中，$w_i=1/v_i$，$\hat{\beta}_F=\sum_{i=1}^{n}w_iy_i\Big/\sum_{i=1}^{n}w_i$，$n$ 是效应值的总数量。在零假设下，统计量 $Q$ 具有近似的卡方分布，自由度为（$n-1$）。

2. 检验 $H_0$：$\tau_{(3)}^2=0$

通过固定 $\tau_{(3)}^2=0$，显然两级元分析是三级元分析的特例。这两个模型是嵌套的，可以用似然比 LR 统计量来检验原假设 $H_0$：$\tau_{(3)}^2=0$。如果检验统计量不显著，我们不能拒绝 $\tau_{(3)}^2=0$ 的原假设。换句话说，三级模型在统计上并不比二级模型好。如果 95%置信区间不包含 0，则在 $\alpha=0.05$ 水平上拒绝原假设。

需要注意的是不建议通过检验 $H_0$：$\tau_{(3)}^2=0$ 来决定是两层模型还是三层模型。与传统元分析中固定效应或随机效应模型的选择类似，决策应该基于具体的情况。如果研究者希望将研究结果推广到二级和三级，即使 $H_0$：$\tau_{(3)}^2=0$ 的检验不显著，也应使用三水平随机效应模型。如果 $\tau_{(3)}^2=0$，则模型成为传统的二水平元分析。

3. 检验 $H_0$：$\tau_{(2)}^2=0$

我们可以比较三层元分析和传统方法在处理依赖效应大小方面的概念差异。传统方法假设 $\tau_{(2)}^2=0$。在这种假设下，同一研究中的多个效应值是相互直接复制的。观察到的差异只是由抽样误差造成的。由于它们是相互直接复制的，因此消除法只选择一个效应值。聚合法将这些多重效应大小结合起来，目的是使抽样误差最小化。在三水平元分析中，$H_0$：$\tau_{(2)}^2=0$ 是一个实证问题，可以根据数据进行检验。$\tau_{(2)}^2$ 表示群组内真实效应大小的异质性。

4. 检验 $H_0$：$\tau_{(2)}^2 = \tau_{(3)}^2$

研究者有时可能想比较第 2 级和第 3 级之间的异质性差异的大小。这里以跨文化研究为例进行说明。一般而言，研究者主要对文化间的差异感兴趣，如美国人、中国人和日本人之间的差异。然而，一些研究者认为，文化内部的变异，即文化内变异，在理论上也是有意义的。如果进行跨文化元分析，将研究视为第 2 级，将文化群体视为第 3 级，读者可能要检验 $H_0$：$\tau_{(2)}^2 = \tau_{(3)}^2$。如果原假设不被拒绝，则文化内变异的大小与文化间变异的大小相似；否则，文化内容变异的大小与文化间变异的大小不相似。需要强调的是，本研究假设不能通过处理依赖效应值的常用方法来检验。

### 5.3.5　效应值异质性程度的量化

除了统计检验，研究者可能想要量化两个水平上效应大小的异质性。为了量化效应值的异质性，在 5.2.3 节提到，Higgins 和 Thompson 提出的 $I^2$ 可以被扩展为三层次的元分析。我们将二水平和三水平的 $I^2$ 定义为

$$I_{(2)}^2 = \frac{\hat{\tau}_{(2)}^2}{\hat{\tau}_{(2)}^2 + \hat{\tau}_{(3)}^2 + \hat{v}}$$

$$I_{(3)}^2 = \frac{\hat{\tau}_{(3)}^2}{\hat{\tau}_{(2)}^2 + \hat{\tau}_{(3)}^2 + \hat{v}}$$

式中，$\hat{v}$ 是典型的研究内抽样方差；$I_{(2)}^2$ 和 $I_{(3)}^2$ 可以分别解释为由于二水平和三水平研究间异质性导致的效应大小总变异的比例。例如，假设第 2 级是指多种测量方法，而第 3 级是指研究。$I_{(2)}^2$ 和 $I_{(3)}^2$ 可以分别解释为由于在一项研究中使用多个测量方法和研究间效应而导致的总变异的比例。在以文化群体为群组效应的跨文化元分析中，$I_{(2)}^2$ 和 $I_{(3)}^2$ 可以分别解释为文化内变异和文化间变异的比例。由于 $I_{(2)}^2$ 和 $I_{(3)}^2$ 的计算涉及样本量 $\hat{v}$，这些指标不估计任何总体参数。相反，

它们主要是作为纳入元分析的研究的描述性指标。

我们还可以定义两种仅涉及第 2 级和第 3 级数量的组内相关性 ICC。很容易证明这些 ICC 是 $I_{(2)}^2$ 和 $I_{(3)}^2$ 的一对一变换。

$$\mathrm{ICC}_{(2)}=\frac{\hat{\tau}_{(2)}^2}{\hat{\tau}_{(2)}^2+\hat{\tau}_{(3)}^2}=\frac{I_{(2)}^2}{I_{(2)}^2+I_{(3)}^2}$$

$$\mathrm{ICC}_{(3)}=\frac{\hat{\tau}_{(3)}^2}{\hat{\tau}_{(2)}^2+\hat{\tau}_{(3)}^2}=\frac{I_{(3)}^2}{I_{(2)}^2+I_{(3)}^2}$$

这两个指标可以解释为研究间二水平和三水平效应值占研究间总异质性（total amount of heterogeneity）的比例。ICC 相对于 $I^2$ 的一个优点是它们不受样本大小的限制。

虽然上述指标看起来很直观，但缺乏对这些指标的实证表现的研究。这是因为在三水平元分析中，量化异质性程度仍然是一个新的课题。

## 5.4 效应值估计模型的选择

### 5.4.1 固定效应模型、随机效应模型和三水平随机效应模型的比较

本小节将主要从模型假设和权重计算两个方面来比较固定效应模型、随机效应模型和三水平随机效应模型的差别。

1. 模型假设

固定效应模型假设所有研究共享相同的真实效应值。这一假设意味着：该模型需要满足同质性假设，即固定效应模型假设研究间不存在显著的异质性，即所有研究的差异仅仅是由抽样误差引起的。所有研究测量的都是相同的总体效应，任何观测到的差异都可以归因于样本误差而非真实效应的变异。如果在模型拟合过程中发现显著的异质性，固定效应模型可能会给出有偏的结果。这种假设的一个主要限制是，如果研究间存在显著异质性，固定效应模型会低估

效应值的方差，从而导致置信区间过窄和显著性检验结果有偏。

随机效应模型放宽了固定效应模型的假设，允许研究间的真实效应值存在变异。其假设包括如下几点。第一，异质性假设。随机效应模型假设各个研究的真实效应值并不相同，而是来自一个总体效应的分布。这个分布通常假设为正态分布，但具体的分布形式可以根据数据特征进行调整。第二，效应值的层次结构。随机效应模型假设效应值有两层变异，一层是研究内变异（即每个研究的抽样误差），另一层是研究间变异（即不同研究的真实效应值的变异）。通过这种假设，随机效应模型可以更好地处理研究间异质性。第三，随机效应分布假设。假设效应值的总体分布具有某种形式（通常是正态分布），研究间的效应值从这个总体分布中抽样得出。这种假设使得随机效应模型可以更稳健地处理不同研究间异质性，然而，它也要求有足够多的研究以准确估计研究间的变异。如果研究数量较少，变异估计可能不稳定。

三水平随机效应模型进一步扩展了随机效应模型，适用于多层次数据结构，假设包括如下几点。第一，多层变异假设。假设数据存在三层变异，通常是研究间变异、亚组间变异和个体内变异。每层变异都被认为是随机的，并且效应值在每层都遵循某种分布（通常是正态分布）。第二，分层结构假设。模型假设数据具有嵌套或分层结构，如不同时间点、地区或亚组等。这种结构允许对不同层次的效应值进行更细致的估计。第三，层次间独立性假设。假设不同层次间的变异是独立的，即研究间的变异、亚组间的变异和个体内的变异之间没有相关性。这一假设有助于简化模型的估计过程。

总之，固定效应模型、随机效应模型和三水平随机效应模型在模型假设上有显著差异。固定效应模型假设所有研究的真实效应值相同，随机效应模型允许研究间效应值存在变异，三水平随机效应模型进一步扩展了随机效应模型，假设数据具有多层次变异。

2. 权重计算

元分析中的权重是指分配给每项研究的相对重要性或影响力，用于在合并效应量时考虑不同研究的质量和可靠性。

在固定效应模型中，假设所有研究共享相同的真实效应值，因此权重的计算相对简单。固定效应模型的权重主要基于各个研究的精确性（通常是样本量的倒数或标准误的倒数）。具体来说，权重 $w_i$ 通常是通过以下公式计算的：

$$w_i = \frac{1}{\mathrm{Var}(\hat{\theta}_i)}$$

式中，$\mathrm{Var}(\hat{\theta}_i)$ 是第 $i$ 个研究效应值估计值的方差。在固定效应模型中，每个研究的权重仅取决于其自身的标准误。较大的样本量意味着较小的标准误，因此在固定效应模型中，大样本量的研究会得到更高的权重。

随机效应模型假设各个研究的真实效应值并不相同，而是来自一个总体效应的分布。因此，在权重计算中，除了考虑研究内的变异（如标准误）外，还需要考虑研究间的变异。随机效应模型的权重 $w_i$ 通常通过以下公式计算：

$$w_i = \frac{1}{\mathrm{Var}(\hat{\theta}_i) + \tau^2}$$

式中，$\tau^2$ 是研究间变异的方差成分（也称为异质性成分）。在随机效应模型中，每个研究的权重不仅取决于其自身的标准误，还取决于研究间的变异。权重的计算考虑了研究间异质性，使得随机效应模型能够更稳健地处理不同研究结果的异质性。特别是，当研究数量较多且存在显著异质性时，随机效应模型的权重计算方法能够更准确地反映各个研究对合并效应值估计的贡献。这种权重计算方法的一个主要优点是，它能有效地处理研究间异质性，提供更稳健的效应值估计。然而，如果研究数量较少，变异估计可能不稳定，影响权重计算的准确性。

三水平随机效应模型权重计算更为复杂。三水平随机效应模型假设数据存在三层的变异，通常是研究间变异、亚组间变异和个体内变异。因此，权重的计算需要同时考虑这三层的变异。三水平随机效应模型的权重 $w_i$ 通常通过以下公式计算：

$$w_i = \frac{1}{\mathrm{Var}(\hat{\theta}_{ij}) + \tau_{(2)}^2 + \tau_{(3)}^2}$$

式中，$\tau_{(2)}^2$和$\tau_{(3)}^2$分别代表群组间变异和研究间变异。这种权重计算方法考虑了多层次的变异，使得三水平随机效应模型能够更精确地反映不同层数据对合并效应值估计的贡献。特别是在处理复杂的多层数据结构时，如不同时间点、地区或亚组的数据，三水平随机效应模型的权重计算方法能提供更细致的效应估计。然而，三水平随机效应模型的权重计算也有其局限性。首先，权重计算的复杂性显著增加，需要估计多个层次的变异成分。其次，模型拟合过程可能需要较多的计算资源和时间，特别是在数据量较大或层次结构较复杂时。最后，对于层次间变异较小或研究数量较少的情况，变异成分的估计可能不稳定，影响权重计算的准确性。

### 5.4.2　如何选择固定效应模型、随机效应模型和三水平随机效应模型

本小节将基于 5.4.1 节对三种模型的比较，着重对固定效应模型、随机效应模型和三水平随机效应模型的适用情况和优缺点进行分析，从而为读者解决如何选择整合效应值模型的问题。

1. 模型的适用情况与优缺点

固定效应模型假设所有研究共享相同的真实效应值，适用于研究间异质性较小的情况。具体来看，固定效应模型适合于研究对象和方法相似，研究对象和方法在不同研究间具有较高的一致性，研究间异质性较小；所有研究的质量相似，不存在显著的研究偏差；研究间变异对研究结果影响较小，可以忽略不计的情况。

固定效应模型的优点是计算简单，解释容易，适用于处理较为简单和一致的研究数据，如有多个研究分别比较了不同药物治疗高血压的效果，研究对象、治疗方案和研究设计等相似，研究者可使用元分析研究不同药物治疗高血压的

效果。但是因为固定效应模型假设所有研究共享相同的真实效应值，所以它无法处理研究间异质性，容易忽略了研究间异质性。因此，当研究间存在显著异质性时，固定效应模型的效果估计不稳健。

随机效应模型假设各个研究的真实效应值来自一个总体分布，适用于处理研究间异质性较大的情况。当研究对象的特征（如年龄、性别、疾病严重程度等）在不同研究间存在显著差异，或者不同研究采用的方法或设计存在显著差异时，再或者研究在不同的环境条件下进行时，随机效应模型能够更好地处理这些差异，可提供更准确的效应值估计。

随机效应模型的优点是能够更好地处理研究间异质性，可提供更稳健和可靠的效应值估计，适用于研究对象、方法或环境存在显著差异的情况。例如，多个研究比较了不同心理治疗方法对焦虑症患者的疗效，但研究对象的年龄、病情严重程度等存在差异。研究者使用元分析研究不同心理治疗方法对焦虑症患者的疗效。

三水平随机效应模型适用于研究中存在多层结构的情况。这种多层结构可以是观察单位存在于不同的层，或者是数据采样的层存在层级关系。三水平随机效应模型能够更好地处理这种多层数据结构，可提供更准确和更可靠的效应值估计。三水平随机效应模型适用于探索不同层次之间的变异性和关联性。通过引入不同层的随机效应，模型能够分析不同层之间的变异程度，并进一步探讨层次间的关联性和影响因素。这种分析有助于揭示数据中潜在的复杂结构和规律。

三水平随机效应模型的优点是能够更精确地反映多层数据的复杂性，提供更细致和更准确的效应值估计，适用于处理多层数据结构的研究，相比固定效应模型和随机效应模型，更能够有效地处理研究间异质性，使得合并后的效应量更加稳健和可靠。

2. 模型的选择

在选择元分析的效应值估计模型（固定效应模型、随机效应模型和三水平随机效应模型）时，需要考虑以下 4 个最重要的方面。

第一，考虑研究的异质性。异质性指不同研究之间效应值的差异。固定效应模型假设所有研究的效应值来自同一总体，忽略了研究异质性。因此，当研究间存在显著异质性时，固定效应模型就不合适。相比之下，随机效应模型和三水平随机效应模型能够较好地处理异质性，因为它们允许研究间的效应值来自不同的总体，可更准确地估计总体效应。

第二，考虑研究的结构。如果研究对象存在多层结构，如个体在群组内，群组在社区内，那么三水平随机效应模型可能更适合，因为它可以更好地考虑这种层结构对效应值的影响。随机效应模型也可以处理多层结构，但它通常只考虑两层的效应。

第三，考虑研究的目的和假设。不同的效应值估计模型适用于不同的研究目的和假设。如果研究的目的是估计总体效应，并假设所有研究的效应值来自同一总体，则固定效应模型可能更合适；如果研究的目的是探索研究异质性，并要考虑研究的多层结构，则随机效应模型或三水平随机效应模型可能更适合。

第四，考虑数据的可获得性和质量。随机效应模型和三水平随机效应模型通常需要更多和更复杂的数据，如每个研究的效应值和标准误差，以及可能影响效应值的研究特征。如果数据的质量较差或者无法获得这些必要的数据，可能会限制模型的选择。因此，在选择模型时需要权衡数据的可获得性和质量，选择最适合的模型来分析数据。

综上所述，选择元分析的效应值估计模型时，需要考虑研究的异质性、结构、数据的可获得性和质量以及研究的目的和假设。根据这些方面综合考虑，选择最适合的模型来进行效应值估计，从而得出准确和可靠的结论。

## 5.5　R 语言实操

本节将说明如何使用 R 语言进行元分析的效应值估计模型的拟合。三个示例用于演示固定效应模型、随机效应模型和三水平随机效应模型的元分析，描述了每个模型如何在 R 语言包中对其进行估计。

### 5.5.1 固定效应模型的 R 语言实操

本小节介绍固定效应模型的 R 语言实操的两种方法，分别使用了 metaSEM 包和 meta 包，接下来是具体的代码操作演示。

方法一：R 语言的 metaSEM 包。

在数据案例 data1 中对 9 项研究进行了元分析，效应值为相关系数。作为说明，在这里使用报告的（未校正的）相关系数。

首先这里使用代码 head()命令展示了数据集 data1 前几行的数据结构情况，如图 5-4 所示。

```
> head(data1)
# A tibble: 6 × 7
     ID Authors                      SampleSize       v       r Reliability  Mean
  <dbl> <chr>                             <dbl>   <dbl>   <dbl>       <dbl> <dbl>
1     1 Baron et al (2016)                  160 0.00625  -0.07        0.84  3.94
2     2 Chadwick & Raver (2019)             108 0.00926  -0.08        0.87  2.65
3     3 Chen et al. (2021)                  173 0.00578  -0.135       1     0.295
4     5 Kibler et al. (2019)                186 0.00538  -0.07        1     0.42
5     7 Kruse et al. (2023)                 347 0.00288  -0.15        0.89  5.01
6     8 Leung et al. (2020)                 213 0.00469  -0.06        0.93  3.95
```

图 5-4　head()命令 R 语言代码(data1)

作为证明，本小节首先拟合了一个固定效应模型，代码如图 5-5 所示。这里使用到的是 meta()函数，该函数采用 ML 进行元分析。其中主要参数如下：*y*，效应值，示例中对应的是相关系数 r；*v*，效应值对应方差，示例中对应的是方差 v；RE.constraints，异质性方差，如果指定了一个零矩阵，它将成为一个固定效应元分析，该示例中演示的是固定效应模型，因此固定为 0。meta()函数参数及其含义如表 5-1 所示。

**表 5-1　meta ()函数参数及其含义**

| 参　数 | 参 数 含 义 |
|---|---|
| *y* | 效应值（示例中是相关系数） |
| *v* | 效应值对应方差 |
| data | 数据集合 |
| RE.constraints | 异质性方差，若将该参数赋值为 0 即为固定效应模型 |

```
> summary(meta(y=r,v=v,data=data1,RE.constraints = 0))
```

图 5-5　固定效应模型 R 语言代码（metaSEM 包）

因为模型为固定效应模型，所以对 $\tau^2$ 没有估计。如图 5-6 所示，合并效应值为–0.119825，95%的 Wald 置信区间为（–0.166744，–0.072906），$p$ 值小于 0.001，有统计学意义。

```
Call:
meta(y = r, v = v, data = data1, RE.constraints = 0)

95% confidence intervals: z statistic approximation (robust=FALSE)
Coefficients:
             Estimate Std.Error    lbound    ubound z value  Pr(>|z|)
Intercept1 -0.119825  0.023939 -0.166744 -0.072906 -5.0055 5.572e-07 ***
---
Signif. codes:  0 '***' 0.001 '**' 0.01 '*' 0.05 '.' 0.1 ' ' 1

Q statistic on the homogeneity of effect sizes: 6.162872
Degrees of freedom of the Q statistic: 8
P value of the Q statistic: 0.6289935

Heterogeneity indices (based on the estimated Tau2):
                              Estimate
Intercept1: I2 (Q statistic)         0

Number of studies (or clusters): 9
Number of observed statistics: 9
Number of estimated parameters: 1
Degrees of freedom: 8
-2 log likelihood: -24.15397
OpenMx status1: 0 ("0" or "1": The optimization is considered fine.
Other values may indicate problems.)
```

图 5-6　固定效应模型拟合结果（metaSEM 包）

效应值齐性检验统计量为 $Q(df = 8) = 6.1629$，$p = 0.6290$，输出中的 $Tau^2$ 和 $I^2$ 都近似为 0，研究之间的异质性可以忽略不计，因此选择固定效应模型是合适的。

方法二：R 语言的 meta 包。

研究者还可以用 meta 包中的 metacor()函数合并效应值，metacor()函数用于相关系数的元分析固定效应和随机效应估计的计算，使用反向方差加权合并效应值。固定效应模型的 R 语言代码如图 5-7 所示。

```
> FM<-metacor(r,
+             SampleSize,
+             data1,
+             studlab=Authors,
+             comb.fixed = TRUE,
+             comb.random = FALSE,
+             prediction=TRUE,
+             sm="Zcor")
> summary(FM)
```

图 5-7 固定效应模型的 R 语言代码（meta 包）

图 5-7 中，metacor()函数主要参数及其含义如表 5-2 所示。

**表 5-2 metacor()函数参数及其含义**

| 参　数 | 参 数 含 义 |
|---|---|
| r | 相关系数 |
| Samplesize | 样本数量 |
| data1 | 数据集合 |
| studlab | 带有研究标签的可选变量 |
| comb.fixed | 是否使用固定效应模型 |
| comb.random | 是否使用随机效应模型 |
| prediction | 是否根据现有证据输出未来研究效应的预测区间 |
| sm | 计算的总效应，既可以计算平均差，也可以计算 Hedges'*g* 或 Cohen's *d* 标准化均值差(Standardize Mean Difference，SMD)，示例中使用的是 Fisher's *Z* 转换系数 ZCOR |

如图 5-8 所示，异质性检验 $Q$（$df=8$）$=6.49$，$p=0.5930$，$I^2=0$，可以认为没有统计学意义的异质性，选用固定效应模型是合适的。

```
                                          COR            95%-CI %W(common)
Baron et al (2016)                    -0.0700 [-0.2227;  0.0861]        9.1
Chadwick & Raver (2019)               -0.0800 [-0.2650;  0.1106]        6.1
Chen et al. (2021)                    -0.1350 [-0.2786;  0.0145]        9.9
Kibler et al. (2019)                  -0.0700 [-0.2117;  0.0746]       10.7
Kruse et al. (2023)                   -0.1500 [-0.2513; -0.0454]       20.0
Leung et al. (2020)                   -0.0600 [-0.1929;  0.0750]       12.2
Manzano-Garcia & Ayala-Calvo (2020) -0.1200 [-0.2565;  0.0212]       11.1
Parasuraman et al. (1996)             -0.3100 [-0.4693; -0.1312]        6.3
Powerll & Eddleston (2013)            -0.1200 [-0.2398;  0.0034]       14.6

Number of studies: k = 9
Number of observations: o = 1745

                          COR            95%-CI     z  p-value
Common effect model -0.1203 [-0.1666; -0.0735] -5.01 < 0.0001
Prediction interval         [-0.1761; -0.0638]

Quantifying heterogeneity:
 tau^2 < 0.0001 [0.0000; 0.0153]; tau = 0.0003 [0.0000; 0.1236]
 I^2 = 0.0% [0.0%; 64.8%]; H = 1.00 [1.00; 1.69]

Test of heterogeneity:
    Q d.f. p-value
 6.49    8  0.5930

Details on meta-analytical method:
- Inverse variance method
- Restricted maximum-likelihood estimator for tau^2
- Q-Profile method for confidence interval of tau^2 and tau
- Prediction interval based on t-distribution (df = 7)
- Fisher's z transformation of correlations
```

图 5-8 固定效应模型拟合结果（meta 包）

同时，合并效应值为–0.1203，95%的 Wald 置信区间为( –0.1666，–0.0735 )，$p < 0.0001$，有统计学意义。

## 5.5.2 随机效应模型的 R 语言实操

本小节介绍了随机效应模型的 R 语言实操的两种方法，分别使用了 metaSEM 包和 meta 包，接下来是具体的代码操作演示。

在数据案例 data2 中对 45 项研究进行了元分析。效应值为相关系数。作为说明，在这里使用报告的（校正后）相关系数。

首先这里使用代码 head()命令显示数据集 data2 前几行的数据结构情况，如图 5-9 所示。

```
> head(data2)
# A tibble: 6 x 8
     ID Authors                          SampleSize        v      r Reliability Mean   Measurement
  <dbl> <chr>                                 <dbl>    <dbl>  <dbl>       <dbl> <chr>        <dbl>
1     1 Annink et al (2016)                    9755 0.000103 -0.04        0.7   3.81             0
2     2 Baron et al (2016)                      160 0.00625  -0.07        0.84  3.94             0
3     3 Bayraktar & Jimenez (2022)              312 0.00321  -0.034       0.835 3.78             0
4     4 Bennett et al. (2021)                   142 0.00704  -0.04        0.87  5.56             0
5     6 Bockorny & Youssef (2019)               152 0.00658  -0.016       0.869 26.211           0
6     8 Chadwick & Raver (2019)                 108 0.00926  -0.08        0.87  2.65             1
```

图 5-9 head()命令的 R 语言代码（data2）

1. 方法一：R 语言的 metaSEM 包

（1）效应值 Fisher's $Z$。数据案例中的效应值为 $r$，抽样方差为 $v$。本小节使用 Fisher's $Z$ 的 $Z$ 作为效应值。Fisher's $Z$ 的 R 语言代码如图 5-10 所示。

```
> head(data2)
# A tibble: 6 x 8
     ID Authors                          SampleSize        v      r Reliability Mean   Measurement
  <dbl> <chr>                                 <dbl>    <dbl>  <dbl>       <dbl> <chr>        <dbl>
1     1 Annink et al (2016)                    9755 0.000103 -0.04        0.7   3.81             0
2     2 Baron et al (2016)                      160 0.00625  -0.07        0.84  3.94             0
3     3 Bayraktar & Jimenez (2022)              312 0.00321  -0.034       0.835 3.78             0
4     4 Bennett et al. (2021)                   142 0.00704  -0.04        0.87  5.56             0
5     6 Bockorny & Youssef (2019)               152 0.00658  -0.016       0.869 26.211           0
6     8 Chadwick & Raver (2019)                 108 0.00926  -0.08        0.87  2.65             1
```

图 5-10 Fisher's $Z$ 的 R 语言代码（data2）

（2）随机效应模型拟合与异质性检验。本示例使用一个随机效应模型，语法如图 5-11 所示，meta()函数使用方法同 5.5.1 节，这里用到的 summary()函数用来生成数据的摘要统计信息。

默认情况下，$I^2$ 是基于 $Q$ 统计量计算的（在调用 meta()函数时，使用 I2 = "I2q"参数）。读者也可以使用调和平均值（I2 = "I2hm"）或算术平均值（I2 = "I2am"）来计算 $I^2$。

```
> summary(meta(y=z,v=z.v,data=data2))
```

图 5-11　随机效应模型的 R 语言代码（metaSEM 包）

如图 5-12 所示，效应值的异质性检验有统计学意义，$Q$（$df$=44）=524.9105，$p < 0.001$，$\hat{\tau}^2 = 0.00271733$，$I^2 =$ 0.8208，这表明存在高度的异质性。研究间效应解释了总变异的 82.08%。基于随机效应模型的估计平均总体相关系数为 –0.06128138，95% Wald 置信区间为（–0.08266666, –0.03989610），这说明具有统计意义。

```
Call:
meta(y = z, v = z.v, data = data2)

95% confidence intervals: z statistic approximation (robust=FALSE)
Coefficients:
              Estimate  Std.Error      lbound      ubound z value  Pr(>|z|)
Intercept1 -0.06128138 0.01091106 -0.08266666 -0.03989610 -5.6164 1.949e-08 ***
Tau2_1_1    0.00271733 0.00081807  0.00111395  0.00432072  3.3216 0.0008949 ***
---
Signif. codes:  0 '***' 0.001 '**' 0.01 '*' 0.05 '.' 0.1 ' ' 1

Q statistic on the homogeneity of effect sizes: 524.9105
Degrees of freedom of the Q statistic: 44
P value of the Q statistic: 0

Heterogeneity indices (based on the estimated Tau2):
                             Estimate
Intercept1: I2 (Q statistic)   0.8208

Number of studies (or clusters): 45
Number of observed statistics: 45
Number of estimated parameters: 2
Degrees of freedom: 43
-2 log likelihood: -107.7597
OpenMx status1: 0 ("0" or "1": The optimization is considered fine.
Other values may indicate problems.)
```

图 5-12　随机效应模型拟合结果（metaSEM 包）

（3）获得 $\hat{\tau}^2$ 和 $I^2$ 基于似然的置信区间（LBCI）。上述置信区间基于 Wald

近似（在 R 语言的代码输出中标记为“z statistic approximation”）。当研究数量较少时，LBCI（在 R 语言的代码输出中标记为“Likelihood-based statistic”）使用效果更好。我们可以通过指定 intervals.type = "LB"来计算 LBCI，如图 5-13 所示。由于 $I^2$ 是 $\hat{\tau}^2$ 的函数，我们也报告了 $I^2$ 上的 LBCI。

如图 5-14 所示，$\hat{\tau}^2$ 的估计值和 95% LBCI 分别为 0.0027173 和（0.0015474, 0.0050513），$I^2$ 的估计值为 0.82081，95% LBCI 为（0.72229, 0.8946），说明研究间存在异质性，$I^2$ 估计值具有统计意义。

```
> summary(meta(y=z,v=z.v,data=data2,intervals.type="LB"))
```

图 5-13　随机效应模型检验的 R 语言代码（metaSEM 包）

```
Call:
meta(y = z, v = z.v, data = data2, intervals.type = "LB")

95% confidence intervals: Likelihood-based statistic
Coefficients:
              Estimate Std.Error     lbound     ubound z value Pr(>|z|)
Intercept1 -0.0612814        NA -0.0833890 -0.0397455      NA       NA
Tau2_1_1    0.0027173        NA  0.0015474  0.0050513      NA       NA

Q statistic on the homogeneity of effect sizes: 524.9105
Degrees of freedom of the Q statistic: 44
P value of the Q statistic: 0

Heterogeneity indices (I2) and their 95% likelihood-based CIs:
                          lbound Estimate ubound
Intercept1: I2 (Q statistic) 0.72229  0.82081 0.8946

Number of studies (or clusters): 45
Number of observed statistics: 45
Number of estimated parameters: 2
Degrees of freedom: 43
-2 log likelihood: -107.7597
OpenMx status1: 0 ("0" or "1": The optimization is considered fine.
Other values may indicate problems.)
```

图 5-14　随机效应模型检验结果（metaSEM 包）

### 2. 方法二：R 语言的 meta 包

研究者还可以用 meta 包中的 metacor()函数在随机效应模型下合并效应值，随机效应模型的 R 语言代码如图 5-15 所示，其中 metacor()函数的语法使用见 5.5.1 节。

```
> RM<-metacor(r,
+             SampleSize,
+             data2,
+             studlab=Authors,
+             comb.fixed = FALSE,
+             comb.random = TRUE,
+             prediction=TRUE,
+             sm="zcor")
> summary(RM)
```

图 5-15　随机效应模型的 R 语言代码（meta 包）

如图 5-16 所示，效应值的异质性检验有统计学意义，$Q(df = 44) = 524.91$，$p < 0.0001$，$\tau^2 = 0.0028$，$I^2 = 0.9160$，这表明存在高度的异质性，研究间效应解释了总变异的 91.06%，使用随机效应模型比较合适。

```
Number of studies: k = 45
Number of observations: o = 83995

                          COR            95%-CI     z  p-value
Random effects model -0.0613 [-0.0827; -0.0398] -5.58 < 0.0001
Prediction interval          [-0.1687;  0.0476]

Quantifying heterogeneity:
 tau^2 = 0.0028 [0.0011; 0.0039]; tau = 0.0529 [0.0327; 0.0624]
 I^2 = 91.6% [89.7%; 93.2%]; H = 3.45 [3.11; 3.84]

Test of heterogeneity:
      Q d.f.  p-value
 524.91   44 < 0.0001

Details on meta-analytical method:
- Inverse variance method
- Restricted maximum-likelihood estimator for tau^2
- Q-Profile method for confidence interval of tau^2 and tau
- Prediction interval based on t-distribution (df = 43)
- Fisher's z transformation of correlations
```

图 5-16　随机效应模型拟合结果（meta 包）

基于随机效应模型的估计平均总体相关系数为–0.0613，95% Wald 置信区间为（–0.0827，–0.0398），$p < 0.0001$，这具有统计意义。

### 5.5.3　三水平随机效应模型的 R 语言实操

本部分将介绍三水平随机效应模型的 R 语言实操的两种方法，分别使用了 metaSEM 包和 meta 包，接下来是具体的代码操作演示。

### 1. 方法一：R 语言的 metaSEM 包

在数据案例 data3 中对 68 项研究进行了元分析。效应值为相关系数。作为说明，在这里使用报告的（校正后）相关系数。首先这里使用 head()命令显示数据集 data3 前几行的数据结构情况，如图 5-17 所示。

```
> head(data3)
# A tibble: 6 × 11
  cluster  ESID Authors                       Country       Year  SampleSize        v     r Journal
    <dbl> <dbl> <chr>                         <chr>         <chr>      <dbl>    <dbl> <dbl> <chr>
1       1     1 Annink et al (2016)           31 countries  N/A         9755 0.000103 -0.15 European Journal …
2       2     2 Baron et al (2016)            USA           N/A          160 0.00625   0.11 Journal of Manage…
3       3     3 Bayraktar & Jimenez (2022)    Turkey        N/A          312 0.00321   0.04 Cross Cultural & …
4       4     4 Bennett et al. (2021)         USA           N/A          142 0.00704  -0.2  International Jou…
5       4     5 Bennett et al. (2021)         USA           N/A          142 0.00704  -0.2  International Jou…
6       5     6 Beutell et al. (2019)         USA           N/A          464 0.00216   0.1  Journal of Small …
```

图 5-17　head()命令的 R 语言代码（data3）

（1）效应值 Fisher's *Z*。数据案例中的效应值为 *r*，抽样方差为 *v*。本小节使用 Fisher's *Z* 的 *Z* 作为效应值。Fisher's *Z* 的 R 语言代码如图 5-18 所示。

```
> z<-with(data3,0.5*log((1+r)/(1-r)))
> z.v<-with(data3,1/(SampleSize-3))
```

图 5-18　Fisher's *Z* 的 R 语言代码（data3）

（2）模型拟合与异质性检验。数据案例中的效应值为 *r*，抽样方差为 *v*，在本例中，我们分别使用 Fisher's *Z* 的 *Z* 和 *z.v* 作为效应值和方差。cluster 为高水平的变量或集群，在示例中其值为 cluster，因为使用的是三水平随机效应模型，所以 model.name 定位为“3 level”。相关的 R 语言代码如图 5-19 所示。

```
> summary(meta3L(y=z,v=z.v,cluster=cluster,data=data3,model.name = "3 level"))
```

图 5-19　三水平随机效应模型 R 语言代码（metaSEM 包）

meta3L ()函数主要参数及其含义如表 5-3 所示。

在解释结果之前，读者应该检查分析中是否存在估计问题。读者可以在输出的最后检查 OpenMx status1。如果状态为 0 或 1，则优化良好，否则，结果是不可信的。

表 5-3　meta3L()函数参数及其含义

| 参　数 | 参 数 含 义 |
|---|---|
| y | 效应值（示例中是 Fisher's *Z* 相关系数） |
| v | 方差（示例中为 Fisher's *Z* 的方差） |
| cluster | 高水平集群 |
| data | 数据集合 |
| model.name | 模型类型定义，在"="之后定义模型名称 |

如图 5-20 所示，在 44 个聚类（三水平）中共嵌套了 68 个效应值（二水平）。效应值同质性的 $Q$ 统计量为 $Q(df = 65) = 781.4432$，$p$ 值为 0。估计的平均总体效应值的 95% Wald 置信区间为 0.05939390（0.02395524，0.09483256）。

估计的二水平和三水平异质性方差分别为 0.00330489 和 0.00886649。应该注意的是，这里结果里输出的置信区间是基于 Wald 检验的，而方差不太可能是正态分布的，除非样本量很大，因此应该尽量避免解释异质性方差的 Wald 置信区间。由于很难解释异质性方差有多大（或多小），读者可以观察 $I^2$。二水平和三水平分别解释了总变异的 25.77%和 69.13%，剩余的变异则是由研究内已知的抽样方差引起的。

```
Call:
meta3L(y = z, v = z.v, cluster = cluster, data = data3, model.name = "3 level")

95% confidence intervals: z statistic approximation (robust=FALSE)
Coefficients:
             Estimate   Std.Error      lbound      ubound z value Pr(>|z|)
Intercept  0.05939390  0.01808128  0.02395524  0.09483256  3.2848 0.001020 **
Tau2_2     0.00330489  0.00178171 -0.00018719  0.00679697  1.8549 0.063610 .
Tau2_3     0.00886649  0.00333667  0.00232675  0.01540624  2.6573 0.007877 **
---
Signif. codes:  0 '***' 0.001 '**' 0.01 '*' 0.05 '.' 0.1 ' ' 1

Q statistic on the homogeneity of effect sizes: 781.4432
Degrees of freedom of the Q statistic: 67
P value of the Q statistic: 0

Heterogeneity indices (based on the estimated Tau2):
                              Estimate
I2_2 (Typical v: Q statistic)   0.2577
I2_3 (Typical v: Q statistic)   0.6913

Number of studies (or clusters): 44
Number of observed statistics: 68
Number of estimated parameters: 3
Degrees of freedom: 65
-2 log likelihood: -93.40595
OpenMx status1: 0 ("0" or "1": The optimization is considered fine.
Other values may indicate problems.)
```

图 5-20　三水平随机效应模型拟合结果（metaSEM 包）

（3）获得 $\hat{\tau}^2$ 和 $I^2$ 基于 LBCI。和随机效应模型一样，当研究数量较少时，LBCI（在 R 语言的代码输出中标记为“Likelihood-based statistic”）使用效果更好。我们可以通过指定 intervals.type="LB"来计算 LBCI，如图 5-21 所示。

```
> summary(meta3L(y=z,v=z.v,cluster=cluster,data=data3,model.name = "3 level"
  ,intervals.type="LB"))
```

图 5-21　三水平随机效应模型置信区间检验的 R 语言代码（metaSEM 包）

如图 5-22 所示，估计的二水平和三水平的异质性方差（95% LBCI）分别为 0.00330489（0.00099208, 0.00884037）和 0.00886649（0.00341873, 0.01746742）。二水平的 $I^2_{(2)}$ 和三水平的 $I^2_{(3)}$ 的 95%的 LBCI 分别为 0.257673（0.074502, 0.277437）和 0.691296（0.277432, 0.8826）。95%的 LBCI 范围很广，表明如果研究者能够为新的元分析收集具有相似设置的新研究，则估计可能因样本而异。

```
Call:
meta3L(y = z, v = z.v, cluster = cluster, data = data3, intervals.type = "LB",
    model.name = "3 level")

95% confidence intervals: Likelihood-based statistic
Coefficients:
            Estimate Std.Error     lbound     ubound z value Pr(>|z|)
Intercept 0.05939390        NA 0.02280244 0.09590946      NA       NA
Tau2_2    0.00330489        NA 0.00099208 0.00884037      NA       NA
Tau2_3    0.00886649        NA 0.00341873 0.01746742      NA       NA

Q statistic on the homogeneity of effect sizes: 781.4432
Degrees of freedom of the Q statistic: 67
P value of the Q statistic: 0

Heterogeneity indices (I2) and their 95% likelihood-based CIs:
                              lbound Estimate ubound
I2_2 (Typical v: Q statistic) 0.074502 0.257673 0.6676
I2_3 (Typical v: Q statistic) 0.277437 0.691296 0.8826

Number of studies (or clusters): 44
Number of observed statistics: 68
Number of estimated parameters: 3
Degrees of freedom: 65
-2 log likelihood: -93.40595
OpenMx status1: 0 ("0" or "1": The optimization is considered fine.
Other values may indicate problems.)
```

图 5-22　三水平随机效应模型置信区间检验结果（metaSEM 包）

（4）检验 $\tau^2_{(3)}=0$。接下来研究者需要拟合一个传统的二水平随机效应模型，并将其与三水平随机效应模型进行比较。读者通过用 meta()函数拟合二水平随机效应模型。在拟合二水平模型之后，读者可以使用 anova()函数将其与三水平随机效应模型进行比较，如图 5-23 所示。

```
> Model1 <- (meta(y=z,v=z.v,data=data3,model.name = "2 level"))
  Model0 <- (meta3L(y=z,v=z.v,cluster=cluster,data=data3,model.name = "3 level"))
  anova(Model0, Model1)
```

图 5-23　三水平随机效应模型比较检验 R 语言代码（metaSEM 包）

如图 5-24 所示，三水平随机效应模型与二水平随机效应模型比较的 LR 统计量为 $\chi^2(df=1)=8.5661, p=0.0034$。结果表明三水平随机效应模型在统计上优于二水平随机效应模型。因此，在本示例中应该倾向于使用三水平随机效应模型。

```
     base comparison ep  minus2LL df       AIC   diffLL diffdf           p
1 3 level       <NA>  3 -93.40595 65 -87.40595       NA     NA          NA
2 3 level    2 level  2 -84.83989 66 -80.83989 8.566066      1 0.003424864
```

图 5-24　三水平随机效应模型比较检验结果（metaSEM 包）

（5）检验 $\tau^2_{(2)}=0$。读者可以通过指定 RE2. constraints = 0 来检验原假设 $H_0$：$\tau^2_{(2)}=0$，如图 5-25 所示。

```
Model2 <- meta3L(y=z,v=z.v,cluster=cluster,data=data3,RE2.constraints=0, model
.name="tau2_2 EQ 0")
anova(Model0, Model2)
```

图 5-25　三水平随机效应模型比较检验的 R 语言代码（metaSEM 包）

如图 5-26 所示，三水平随机效应模型与 $\tau^2_{(2)}=0$ 模型比较的 LR 统计量为 $\chi^2(df=1)=25.47036,\ p<0.0001$。说明三水平随机效应模型在统计上优于 $\tau^2_{(2)}=0$ 的模型。该结果表明一项研究中的效应值不仅仅是彼此的直接复制，研究的效应值之间确实存在差异。

```
     base  comparison ep  minus2LL df       AIC   diffLL diffdf            p
1 3 level        <NA>  3 -93.40595 65 -87.40595       NA     NA           NA
2 3 level tau2_2 EQ 0  2 -67.93559 66 -63.93559 25.47036      1 4.492308e-07
```

图 5-26　三水平随机效应模型比较检验结果（metaSEM 包）

（6）检验 $\tau^2_{(2)}=\tau^2_{(3)}$。读者可以根据研究需要，检验二水平异质性方差和三水平异质性方差是否相同，主要通过 RE2.constraints 和 RE3.constraints 约束参数中使用相同的标签（示例中的 Eq_tau2）约束 $\tau^2_{(2)}=\tau^2_{(3)}$ 来拟合模型（示例中的 Model 3）。0.1 是本例中的起始值，如图 5-27 所示。

```
Model3 <- meta3L(y=z,v=z.v,cluster=cluster,data=data3,RE2.constraints="0.1
*Eq_tau2",RE3.constraints="0.1*Eq_tau2",model.name="Eq tau2")
summary(Model3)
```

图 5-27　异质性方差检验模型拟合的 R 语言代码（metaSEM 包）

如图 5-28 所示，通过施加等式约束 $\tau^2_{(2)}=\tau^2_{(3)}$，异质性方差为 0.0056404。由于 $\tau^2_{(2)}=\tau^2_{(3)}$，$I^2_{(2)}$ 和 $I^2_{(3)}$ 也是相同的。通过对有无约束的模型进行比较，检验了 $H_0$：$\tau^2_{(2)}=\tau^2_{(3)}$。

```
Call:
meta3L(y = z, v = z.v, cluster = cluster, data = data3, RE2.constraints = "0.1*Eq_tau2",
    RE3.constraints = "0.1*Eq_tau2", model.name = "Eq tau2")

95% confidence intervals: z statistic approximation (robust=FALSE)
Coefficients:
           Estimate Std.Error    lbound    ubound z value  Pr(>|z|)
Intercept 0.0601828 0.0168645 0.0271290 0.0932366  3.5686 0.0003589 ***
Eq_tau2   0.0056404 0.0013502 0.0029941 0.0082867  4.1775 2.948e-05 ***
---
Signif. codes:  0 ‘***’ 0.001 ‘**’ 0.01 ‘*’ 0.05 ‘.’ 0.1 ‘ ’ 1

Q statistic on the homogeneity of effect sizes: 781.4432
Degrees of freedom of the Q statistic: 67
P value of the Q statistic: 0

Heterogeneity indices (based on the estimated Tau2):
                              Estimate
I2_2 (Typical v: Q statistic)   0.4726
I2_3 (Typical v: Q statistic)   0.4726

Number of studies (or clusters): 44
Number of observed statistics: 68
Number of estimated parameters: 2
Degrees of freedom: 66
-2 log likelihood: -91.99904
OpenMx status1: 0 ("0" or "1": The optimization is considered fine.
Other values may indicate problems.)
```

图 5-28　异质性方差检验模型拟合结果（metaSEM 包）

如图 5-29 所示，LR 统计量为 $\chi^2(df=1)=1.40691$，$p=0.23557$。因此，我们不能拒绝 $H_0$：$\tau^2_{(2)}=\tau^2_{(3)}$，结果表明，二水平的异质性与三水平的异质性相似，差别不大。

```
> anova(Model0, Model3)
    base comparison ep  minus2LL df          AIC  diffLL diffdf       p
1 3 level       <NA>  3 -93.40595 65 -87.40595      NA     NA      NA
2 3 level    Eq tau2  2 -91.99904 66 -87.99904 1.40691      1 0.23557
```

图 5-29　三水平随机效应模型异质性方差检验代码与结果（metaSEM 包）

2. 方法二：R 语言的 metafor 包

由于模型拟合前的准备和方法一是一致的，这里不过多赘述，R 语言代码的示例展示将直接从模型拟合开始，R 语言代码如下。

（1）模型拟合与异质性检验。模型拟合需要用到 metafor 包里的 rma.mv() 函数，rma.mv()是 R 语言中 metafor 包提供的一个用于执行多层次（多变量）元分析的函数如图 5-30 所示。它能够处理复杂的数据结构，如多层嵌套效应、重复测量或多种结果指标，允许通过指定多个随机效应来解决不同层次间的依赖性问题。rma.mv()函数参数及其含义如表 5-4 所示。

```
> modelA <- rma.mv(z, z.v, random = ~ 1 | cluster/ESID, tdist = TRUE, data = data3,
method = "REML")
> modelA

Multivariate Meta-Analysis Model (k = 68; method: REML)

Variance Components:

            estim    sqrt  nlvls  fixed        factor
sigma^2.1  0.0092  0.0961     44     no       cluster
sigma^2.2  0.0033  0.0575     68     no  cluster/ESID

Test for Heterogeneity:
Q(df = 67) = 781.4432, p-val < .0001

Model Results:

estimate      se    tval  df    pval   ci.lb   ci.ub
  0.0594  0.0183  3.2417  67  0.0019  0.0228  0.0960  **

---
Signif. codes:  0 '***' 0.001 '**' 0.01 '*' 0.05 '.' 0.1 ' ' 1
```

图 5-30　三水平随机效应模型拟合代码与结果（metafor 包）

图 5-30 为根据结果输出的 Variance Components，这里可以看到每一个水平下的变异值，$\sigma_{2.1}$=0.0092，$\sigma_{2.2}$=0.0033，以及每一个水平下的亚组数目。在示例中，三水平的亚组数目为 44，表示群组数目为 44；二水平的亚组数目为 68，表示效应值数目为 68。从结果输出的 Model Results 里的 estimate 可以看到合并效应值，为 0.0594，置信区间为（0.0228，0.0960）。输出结果的 Test for Heterogeneity 中可以看到当前数据集下效应值的变异值非常显著（$p < 0.0001$）。但是这一结果并没有传递多少信息，因为我们感兴趣的是变异值在当前模型里

各个水平的分布情况。

**表 5-4　rma.mv()函数参数及其含义**

| 参　数 | 参 数 含 义 |
|---|---|
| y | 效应值（示例中是 Fisher's *Z* 相关系数） |
| v | 方差（示例中为 Fisher's *Z* 的方差） |
| random | 指定随机效应结构，借助斜线“/”来区分高阶的和低阶的组间变量。“/”左边是高水平的变量或集群，“/”右边代表嵌套在高水平的集群下的低一级的变量，所以公式就可以写成：～ 1 \|cluster/ESID |
| tdist | 是否应在模型中使用 *t* 分布来计算假设检验中的 *p* 值和置信区间，默认情况下，tdist 参数设置为 TRUE，即使用 *t* 分布。这种方式在处理复杂多层次模型时更为精确，尤其是在样本量较小或涉及随机效应时 |
| data | 数据集合 |
| method | 估计方法，默认为 REML，其他方法如 ML 也可选择 |

因此可以通过如图 5-31 所示代码计算方差的分布情况，以及各水平的 $I^2$ 值。

```
> library(dmetar)
> mlm.variance.distribution(x = modelA )
        % of total variance    I2
Level 1            4.961868   ---
Level 2           25.033174 25.03
Level 3           70.004958    70
Total I2: 95.04%
```

图 5-31　三水平随机效应模型异质性分析代码与结果（metafor 包）

如图 5-31 所示，从输出结果可以看到 Level1 上有 4.961868%的变异，Level2 上有 25.033174%的变异，Level3 上有 70.004958%的变异。其中 Level2 和 Level3 上的变异所占比等同于研究间异质性。$I^2_{\text{Level2}}$ 描述了集群内异质性（within-cluster heterogeneity）的数量；$I^2_{\text{Level3}}$ 描述了集群间异质性（between-cluster heterogeneity）的数量；$I^2_{\text{total}}$ 描述了取样误差（sampling error）之外的总异质性。$I^2_{\text{total}}$ 数值上等同于 Level2 和 Level3 上异质性之和。

（2）比较拟合性。在拟合三水平随机效应模型时，研究者可能更感兴趣的是三水平随机效应模型是否比二水平随机效应模型更能解释变异性。metafor 包可以实现二水平随机效应模型和三水平随机效应模型的比较分析。

借助 rma.mv()函数可以将一个水平的变异设置成常数。这里改变 sigma2 的参数，即设置一个向量，来告诉函数哪一个水平设置成常数值，通用格式是 c（Level3,Level2）。如果想将 Level2 设置成常数，其他的保留不变，就可以写成 sigma2 = c（NA,0）。具体 R 语言代码如图 5-32 所示。

```
> modelB<-rma.mv(z, z.v, random = ~ 1 | cluster/ESID, tdist = TRUE, data = data3,me
thod = "REML",sigma2 = c(NA, 0))
> modelB

Multivariate Meta-Analysis Model (k = 68; method: REML)

Variance Components:

             estim    sqrt  nlvls  fixed        factor
sigma^2.1   0.0116  0.1078     44     no       cluster
sigma^2.2   0.0000  0.0000     68    yes  cluster/ESID

Test for Heterogeneity:
Q(df = 67) = 781.4432, p-val < .0001

Model Results:

estimate      se    tval  df    pval   ci.lb   ci.ub
  0.0585  0.0184  3.1841  67  0.0022  0.0218  0.0952  **

---
Signif. codes:  0 '***' 0.001 '**' 0.01 '*' 0.05 '.' 0.1 ' ' 1
```

图 5-32　二水平随机效应模型（Level2 为常数）拟合代码与结果（metafor 包）

在图 5-32 展示的结果中从 Model Results 部分可以看到没有变化，但是如何了解二水平随机效应模型是否真的概括数据中的变异，可以借助 anova()函数来比较全模型（modelA）和二水平随机效应模型（modelB），方法和结果如图 5-33 所示。

```
> anova(modelA, modelB)

        df      AIC      BIC     AICc  logLik     LRT   pval       QE
Full     3 -85.4503 -78.8362 -85.0693 45.7251                781.4432
Reduced  2 -61.9872 -57.5778 -61.7997 32.9936 25.4631 <.0001 781.4432
```

图 5-33　二水平随机效应模型与三水平随机效应模型比较拟合代码与结果（metafor 包）

根据图 5-33 可以看到，相比降低水平的模型，全模型的确更能拟合原始数据，即 akaike information criterion（AIC）和 bayesian information criterion（BIC）的绝对值在全模型中都较低，并且差异显著（$p < 0.0001$）。这就说明三水平的模型是合理的。

将 Level3 设置成常数，结果如图 5-34 所示。

```
> modelC<-rma.mv(z, z.v, random = ~ 1 | cluster/ESID, tdist = TRUE, data = data3,me
thod = "REML",sigma2 = c(0, NA))
> modelC

Multivariate Meta-Analysis Model (k = 68; method: REML)

Variance Components:

            estim    sqrt  nlvls  fixed        factor
sigma^2.1  0.0000  0.0000     44    yes       cluster
sigma^2.2  0.0116  0.1078     68     no  cluster/ESID

Test for Heterogeneity:
Q(df = 67) = 781.4432, p-val < .0001

Model Results:

estimate      se    tval  df    pval   ci.lb   ci.ub
  0.0630  0.0149  4.2166  67  <.0001  0.0332  0.0928  ***

---
Signif. codes:  0 '***' 0.001 '**' 0.01 '*' 0.05 '.' 0.1 ' ' 1
```

图 5-34　二水平随机效应模型（Level3 为常数）拟合代码与结果（metafor 包）

根据图 5-35 可以看到，相比较降低水平的模型，全模型的确更能拟合原始数据，即 AIC 和 BIC 的绝对值在全模型中都较低，并且差异显著（$p<0.0001$）。这同样说明三水平的模型是合理的。

```
> anova(modelA, modelC)

        df      AIC      BIC     AICc  logLik    LRT   pval       QE
Full     3 -85.4503 -78.8362 -85.0693 45.7251                781.4432
Reduced  2 -78.4800 -74.0706 -78.2925 41.2400 8.9703 0.0027 781.4432
```

图 5-35　二水平随机效应模型与三水平随机效应模型比较
拟合代码与结果（metafor 包）

# /第6章/
# 调节效应

第 5 章主要介绍了整合效应值模型的方法，在确定元分析效应值模型之后，研究者便可以综合多个独立研究的结果，得出某个效应的总体大小。但不同研究的结果可能会报告不同的效应值，为了解释出现的差异，研究者需要进行调节效应元分析，以便于发现某些变量如何系统性地影响研究中的效应强度。这对于理解效应背后的复杂机制、提高研究的外部效度很有帮助。调节效应元分析的方法包括亚组分析（subgroup analysis）和元回归。其中，亚组分析的主要分析对象是离散型调节变量，研究者可以通过亚组分析对各组效应值的方差成分进行分析，进而判断不同组别的均值是否有显著差异来证明离散型调节变量的调节作用。元回归既可以分析离散型调节变量，也可以分析连续型调节变量，它通过将效应值作为因变量，并引入协变量作为自变量，建立回归模型来解释效应值的变异，证明调节变量的调节作用。本章将详细讨论调节效应元分析的重要作用、方法、基本原理和实际操作。

## 6.1 调节变量

### 6.1.1 什么是调节变量

元分析中的调节效应是指某些变量对主效应（即自变量和因变量之间关

系）的强度或方向产生影响，这些变量被称为调节变量。调节效应的分析在元分析中尤为重要，因为它可以帮助研究者识别和解释不同研究结果之间的异质性。

调节效应认为自变量对因变量的影响并不是一成不变的。为了解决自变量与因变量关系不稳定的问题，调节效应需要引入调节变量 $M$。随着调节变量的变化，自变量 $X$ 与因变量 $Y$ 的关系也会发生改变，即调节变量会对 $X$ 与 $Y$ 的关系产生影响（如图 6-1 所示）。

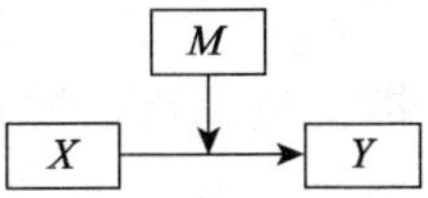

图 6-1　调节效应示意图

调节变量所要解释的是自变量在何种条件下会影响因变量，也就是说，当自变量与因变量的相关大小或正负方向受到其他因素的影响时，这个其他因素就是该自变量与因变量之间的调节变量。它界定了自变量和因变量之间关系的边界条件，既可以是质化形式的变量（如性别），也可以是量化形式的变量（如奖励水平）。

调节变量有连续型调节变量和离散型调节变量之分。比如，一位研究者认为企业产权性质与领导情商均会调节员工薪酬与员工绩效之间的关系。他将企业产权性质划分为国有企业和非国有企业，并假定国有企业中员工薪酬与绩效的正相关程度会高于非国有企业。同时，他还收集了数百个部门领导的情商得分，并假定随着领导情商的提升，员工薪酬与员工绩效之间的正相关程度也会随之增加。在这个例子中可以看到企业产权性质是一个定类尺度的变量，属于离散型调节变量的范畴，而领导情商是一个定比尺度的变量，属于连续型调节变量的范畴。

当调节变量是连续型变量时，调节效应可以写成的方程式如下：

$$Y = a + bX + cM + dXM + \varepsilon$$

式中，$X$ 为自变量；$Y$ 为因变量；$M$ 为调节变量；$XM$ 为 $X$ 与 $M$ 的乘积项（也叫作交互项）；$\varepsilon$ 为随机误差项。如果交互项 $XM$ 的系数 $d$ 是显著的，则认为调节效应成立。

如果调节变量为离散型调节变量，研究者通常需要比较调节变量 $M$ 取不同参数值的时候，$X$ 与 $Y$ 的回归系数是否存在显著差异。如果调节变量是二分的离散型调节变量，研究者也可以将离散的调节变量转化成虚拟变量（dummy variable），如企业产权性质变量可以转化为国有企业 = 1、非国有企业 = 0 的虚拟变量，再按照连续型调节变量的检验方程和思路进行检验。

### 6.1.2 调节效应的重要性

在元分析中，调节效应的分析至关重要，它能够提供对不同研究结果之间异质性的深刻理解，并指导未来的研究方向。调节效应在元分析中的重要性主要体现在以下三个方面。

第一，解释研究间异质性。在元分析中，不同研究可能会报告不同的效应值，这种差异被称为异质性。调节效应的分析能够帮助识别和解释这些差异的来源。通过引入调节变量，研究者可以确定哪些因素导致了不同研究之间的效应值差异。例如，在评估某种治疗方法对疾病的效果时，不同的研究可能因为患者的年龄、性别、疾病严重程度或治疗方法的差异而报告不同的效果。通过分析这些调节变量的作用，研究者能够更好地理解和解释研究结果之间的异质性。这不仅提高了元分析结果的解释力，也有助于揭示研究中的潜在规律和模式。

第二，优化研究设计和实践。通过识别和分析调节效应，研究者可以优化未来的研究设计和实践。调节效应分析可以揭示哪些变量在不同情境下对效应值有显著影响，从而帮助研究者在设计新研究时考虑这些关键因素。例如，若通过元分析发现患者年龄是影响某种治疗效果的重要调节变量，那么未来的研究可以更有针对性地设计年龄分层的研究方案。此外，调节效应的分析还可以帮助临床实践，提供个性化的治疗建议。例如，确定某种治疗方法在不同年龄段患者中的最佳效果，从而指导临床医生为不同患者群体提供最适合的治疗方案。

第三，促进理论发展和验证。调节效应的分析在理论发展和验证中起着重要作用。通过识别和分析调节变量，研究者可以检验现有理论的适用性和解释力，并发展新的理论模型。例如，在心理学研究中，不同的心理治疗方法对抑郁症患者的效果可能会受到患者个体特征、治疗方式和治疗环境等调节变量的影响。通过分析这些调节效应，研究者可以验证现有心理治疗理论的假设，并发展新的理论模型来解释不同患者群体中的治疗效果。此外，调节效应分析还能揭示一些复杂的交互效应和机制，从而使理论更深化和完善。

## 6.2 亚组分析：离散型调节变量

### 6.2.1 亚组分析的基本原理与方法

亚组分析是进行调节效应元分析中常用的一种方法，它的分析对象是离散型调节变量，离散型调节变量将用于元分析的效应值分成若干组，研究者可以通过亚组分析对各组效应值的方差成分进行分析，进而判断不同组别的均值是否有显著差异，以此来证明离散型调节变量的调节作用。

亚组分析主要用于探索和解释不同子群体间效应值的差异，它是指在元分析中，根据某些特定的特征或标准（如年龄、性别、研究设计等），将总体样本划分为若干子群体，并分别计算每个子群体的效应值。亚组分析的目的有以下几点：第一，揭示异质性来源，识别并解释不同子群体间效应值的差异，帮助理解整体效应值（overall effect）的异质性。第二，确定调节因素，发现可能影响效应值的调节变量，为后续研究提供依据。第三，提供更细致的结果解释，为不同子群体提供更为精准的效应值估计。

亚组分析假设元分析中的研究并非来自一个整体人群，即假设它们属于不同的子组，并且每个子组都有自己真正的总体效应值，其目的是拒绝零假设，即子组之间的效应大小没有差异。每个亚组分析由两部分组成：①汇总亚组效应值；②比较亚组效应值。

1. 汇总亚组效应值

第一部分亚组分析与没有亚组的元分析的标准相同。如果假设同一子组的所有研究都来自同一人群，并且有一个共同的真实结果，研究者可以使用固定效应模型。如前面提到的，即使把研究分成更小的小组，这种假设在实践中也常常是不现实的。因此，其他选择是使用随机效应模型。随机效应模型假设在一个子组内的研究是从想要估计的总体的均值中抽取出来的。与常规元分析的不同之处在于亚组分析进行了几个独立的随机效应元分析，每个亚组一个。从逻辑上讲，这会对每一个群组 $g$ 产生一种效应值汇总 $\hat{\mu}_g$ 。

由于每个亚组都有自己单独的元分析，对 $\tau^2$ 异质性的估计也会因亚组而异。然而，在实践中，个体异质性值 $\tau_g^2$ 经常被跨子组汇总的 $\tau^2$ 版本所取代。这意味着假设所有亚组对研究间异质性有一个共同的估计。这主要是出于实际原因。当一个亚组的研究数量很少时，如 $k_g \leqslant 5$，对 $\tau^2$ 的估计可能是不精确的。在这种情况下，最好是计算一个用于所有子组 $\tau^2$ 的汇总版本，而不是依赖于一个子组中研究间异质性的非常不精确的估计。

2. 比较亚组效应值

在计算了各亚组的合并效应值之后，研究者可以比较各亚组的效应值大小。然而，为了了解这种差异是否在实际上显著或者有意义，需要研究者计算亚组间效应值差异的标准误 $SE_{diff}$，计算置信区间以及进行显著性检验。有两种基于差异假设的方法可以计算 $SE_{diff}$。

第一种方法是使用固定效应模型。如果只对亚组比较感兴趣时，固定效应模型比较是合适的。选择固定效应模型的情况是当考察的亚组不是随机“选择”的，而且要考察其特性的固定水平。例如，性别的两个亚组“女性”和“男性”不是随机选择的，而是性别（在“传统”概念中的分类）所具有的两个亚组。Borenstein 和 Higgins 认为，可能对于医学、预防和其他领域的大多数研究来说，固定效应模型是唯一可行的模型。由于该模型假设在亚组水平上没有进一步引入抽样误差（因为亚组不是随机样本，而是固定样本），$SE_{diff}$ 仅仅来源于亚组 A 和亚组 B 内的变异，即 $V_A$ 和 $V_B$。

$$V_{diff} = V_A + V_B$$

第二种方法是使用随机效应模型。当使用的亚组是从一个亚组的总体中随机抽取的样本时，亚组间的随机效应模型更适用。例如，通过考察来自 5 个不同国家（如荷兰、美国、澳大利亚、中国和阿根廷）的干预研究来考察这一个干预的效果是否因地区不同而有所差异。变量“地区”有许多不同的潜在的亚组（国家），从其中随机选择 5 个亚组。这意味着引入了一个新的抽样误差，因此不得不使用随机效应模型来控制亚组之间的抽样误差。

使用该模型估计 $V_{diff}$ 的公式（简化）如下：

$$V_{differ} = V_A + V_B + \frac{\hat{T}_G^2}{m}$$

式中，$\hat{T}_G^2$ 是亚组间的被估计的变异性；$m$ 是亚组的数量。值得注意的是亚组分析应当总是基于已知的、先验的决策，即研究中哪个亚组的差异可能实际上是相关的，并且可能会导致在该研究领域的相关研究问题的信息获取，最好在进行分析之前指定亚组分析，并将其列出在分析注册中。同样重要的是要记住，亚组分析在检测研究之间有意义的差异的能力是有限的。亚组分析也需要足够的检验力。

### 6.2.2 亚组分析的局限性

（1）亚组分析可能会导致统计功效的降低。由于亚组分析是将总体数据分割成更小的组别进行分析，每个组别中的样本量会减少，从而可能导致统计功效降低。当样本量不足时，亚组分析的结果可能不具有统计显著性，容易得出错误的结论。此外，小样本量还可能导致较大的置信区间，使结果不够精确和稳定。

（2）亚组分析可能会引入选择性报告偏倚。研究者可能会选择性地报告那些显示出显著差异的亚组分析结果，而忽略那些没有显著差异的结果。这种选择性报告偏倚会导致元分析结果的偏差，使得某些组别的效果被夸大或低估。因此，在进行亚组分析时，必须全面报告所有亚组的分析结果，以避免选择性报告偏倚的影响。

（3）亚组分析可能会受到多重比较问题的影响。在进行亚组分析时，研究者通常会进行多个组别的比较，而每进行一次比较，都会增加出现假阳性结果的可能性。这种多重比较问题会导致亚组分析结果的不可靠性和不确定性。为了减少多重比较问题的影响，研究者可以采用统计方法进行调整，但这也可能进一步降低统计功效。

（4）亚组分析可能会受到原始研究质量的影响。在进行元分析时，所纳入的原始研究质量参差不齐，如果这些研究本身存在偏倚或方法学上的问题，它们会影响亚组分析结果的可靠性和有效性。因此，在进行亚组分析前，研究者应评估原始研究的质量，并在分析中考虑这些因素的影响。

综上所述，亚组分析在元分析中虽然具有重要作用，但也存在一些局限性。研究者在进行亚组分析时，应充分考虑这些局限性，并采用适当的方法加以控制和调整，以确保分析结果的可靠性。

### 6.2.3 亚组分析案例与操作

本小节将介绍固定效应模型和随机效应模型下进行亚组分析的R语言操作和结果展示。

1. 整合效应值生成元分析输出对象

因为 dmetar 包中的 subgroup.analysis.mixed.effects() 函数只能识别由 metabin()、metagen()、metacont()、metacor()、metainc()或 metaprop()函数生成的对象，因此这里整合效应值使用 meta 包（详见 5.5 节），这里以 data4 为示例数据，整合效应值 R 语言代码如图 6-2 所示。

```
> m.cor<-metacor(r,
+              SampleSize,
+              data4,
+              studlab=Authors,
+              comb.fixed = FALSE,
+              comb.random = TRUE,
+              prediction=TRUE,
+              sm="zcor")
> summary(m.cor)
```

图 6-2　整合效应值 R 语言代码

如图 6-3 所示，效应值的异质性检验有统计学意义，$Q(df = 36) = 201.14$，$p < 0.0001$，$\tau^2 = 0.0107$，$I^2 = 82.1\%$，这表明存在高度的异质性，研究间效应解释了总变异的 82.1%，使用随机效应模型比较合适。基于随机效应模型的估计平均总体相关系数为–0.0430，95%的置信区间为（–0.0820，–0.0039），$p < 0.0309$，具有统计意义。

```
Number of studies: k = 37
Number of observations: o = 28290

                         COR            95%-CI     z p-value
Random effects model -0.0430 [-0.0820; -0.0039] -2.16  0.0309
Prediction interval          [-0.2516;  0.1693]

Quantifying heterogeneity:
 tau^2 = 0.0107 [0.0057; 0.0205]; tau = 0.1035 [0.0757; 0.1432]
 I^2 = 82.1% [76.1%; 86.6%]; H = 2.36 [2.04; 2.73]

Test of heterogeneity:
      Q d.f.  p-value
 201.14   36 < 0.0001

Details on meta-analytical method:
- Inverse variance method
- Restricted maximum-likelihood estimator for tau^2
- Q-Profile method for confidence interval of tau^2 and tau
- Prediction interval based on t-distribution (df = 35)
- Fisher's z transformation of correlations
```

图 6-3　整合效应值代码输出结果

2. 亚组分析

（1）固定效应模型亚组分析。固定效应模型需要使用 R 语言中的 subgroup.analysis.mixed. effects()函数。这一函数并非一个标准的内置函数或广泛使用的函数名称。

由前文（1）可知，data 4 数据集已经生成元分析输出 m.cor（如图 6-3 所示），接下来将 m.cor 赋值给 subgroup.analysis.mixed.effects()函数的 $x$ 变量。由于在本示例中检查的是期刊的发表情况对效应值的影响情况。数据集 data4 的发表情况变量存储在亚组的 Publication 变量中。该变量指研究是否发表，有两个亚组："已发表"和"未发表"。

如图 6-4 所示，亚组分析结果显示在 Subgroup Results 之下，可以看到未发表亚组的合并效应值（这里为 Fisher's $Z$ 值）为–0.02059633，已发表亚组的合并效应值为–0.04512530，差异较大，但在 Test for subgroup differences (mixed/fixed-effects (plural) model) 中可以看到 $Q = 0.04097955$，$p = 0.8395774$，说明这种差异是没有统计学意义的，即发表情况不是效应值异质性的来源，对效应值的影响不显著。

```
> subgroup.analysis.mixed.effects(x=m.cor,subgroups=data4$Publication)
Subgroup Results:
--------------
       k        ZCOR         SE   LLCI   ULCI          p          Q   I2
未发表  3 -0.02059633 0.11951779 -0.255  0.214 0.86317921  16.76427 0.88
已发表 34 -0.04512530 0.01994247 -0.084 -0.006 0.02364967 181.52709 0.82
       I2.lower I2.upper
未发表     0.67     0.96
已发表     0.75     0.87

Test for subgroup differences (mixed/fixed-effects (plural) model):
--------------
                        Q df         p
Between groups 0.04097955  1 0.8395774

- Total number of studies included in subgroup analysis:  37
- Tau estimator used for within-group pooling:  REML
```

图 6-4 亚组分析混合效应模型代码输出结果

（2）随机效应模型的 R 语言实操。随机效应模型需要使用 R 语言中的 update.meta()函数。现在，假设想知道在元分析中相关系数是否因地区不同，其相关性有所差异。这里使用了随机效应模型，并且选择了"中国""美国""德国"进行分析。

接着，我们再次使用 m.cor 元分析输出对象。与固定效应模型中的元分析实操相同，在 data4 数据集中，第一步已经生成了元分析输出 m.cor。数据集 data4 的发表情况变量存储在亚组的 Country 变量中，该变量指样本来源国家。通过使用 update()函数对亚组进行随机效应模型分析，update()函数可以用来重新计算元分析，添加新的参数或更改原始分析的设置，而无须重新输入所有的数据。

对于 update()函数，需要设置两个参数：byvar，亚组变量，这里设置为 Country；comb.random，在使用随机效应模型来检测组间差异的情况下，必须设置为 comb.random = TRUE，亚组分析随机效应模型的 R 语言代码如图 6-5 所示。

```
> country.subgroup <- update(m.cor,byvar = Country,comb.random = TRUE,comb.fixed = FALSE)
> country.subgroup
```

图 6-5　亚组分析随机效应模型的 R 语言代码

亚组分析随机效应模型代码输出结果如图 6-6 所示。

```
Number of studies: k = 37
Number of observations: o = 28290

                          COR            95%-CI     z p-value
Random effects model -0.0430 [-0.0820; -0.0039] -2.16  0.0309
Prediction interval          [-0.2516;  0.1693]

Quantifying heterogeneity:
 tau^2 = 0.0107 [0.0057; 0.0205]; tau = 0.1035 [0.0757; 0.1432]
 I^2 = 82.1% [76.1%; 86.6%]; H = 2.36 [2.04; 2.73]

Test of heterogeneity:
      Q d.f.  p-value
 201.14   36 < 0.0001

Results for subgroups (random effects model):
                   k     COR            95%-CI  tau^2    tau     Q   I^2
Country = USA     13 -0.0328 [-0.1028;  0.0375] 0.0120 0.1094 68.23 82.4%
Country = Germany 15 -0.0284 [-0.0918;  0.0351] 0.0121 0.1099 96.69 85.5%
Country = China    9 -0.0812 [-0.1492; -0.0124] 0.0077 0.0875 28.46 71.9%

Test for subgroup differences (random effects model):
                  Q d.f. p-value
Between groups 1.44    2  0.4872

Details on meta-analytical method:
- Inverse variance method
- Restricted maximum-likelihood estimator for tau^2
- Q-Profile method for confidence interval of tau^2 and tau
- Prediction interval based on t-distribution (df = 35)
- Fisher's z transformation of correlations
```

图 6-6　亚组分析随机效应模型代码输出结果

如图 6-6 所示，这里获得了每个亚组（Country）的合并效应值。在检验亚组差异（随机效应模型）时，我们可以看到 Test for subgroup differences（random effects model）结果是不显著的（$Q = 1.44$，$p = 0.4872$）。这意味着并没有在不同地区的总体效应方面发现差异。

## 6.3 元回归：离散型调节变量和连续型调节变量

### 6.3.1 什么是元回归

元回归是进行调节效应元分析中另一种常用的方法，是在元分析中使用回归技术来进行分析的方法，它既可以分析离散型调节变量，也可以分析连续型调节变量，它通过将效应值作为因变量，并引入协变量（如年龄、性别、干预类型等）作为自变量，建立回归模型来解释效应值的变异，从而证明调节变量的调节作用。

元回归是用来评价效应值异质性及其来源的重要方法。其主要目的是分析一个或者多个协变量（即调节变量）对效应值的影响。与亚组分析思路不同，元回归可以用于连续型调节变量的分析也可以用于离散型调节变量的分析，即通过回归的思路来检验调节变量是否会改变自变量与因变量的真实关系，进而引起效应值的不断变化。

在传统的回归中，希望使用预测因子（或协变量）$x_i$ 和回归系数 $\beta$ 来估计 $y_i$。因此，标准回归方程如下：

$$y_i = \beta_0 + \beta_1 x_i$$

在元回归中，想要预测的变量 $y$ 是研究 $k$ 中观察到的效应大小 $\hat{\theta}_k$。元回归的公式看起来与正常回归模型的公式相似：

$$\hat{\theta}_k = \theta + \beta x_k + \epsilon_k + \zeta_k$$

这个公式包含两个额外的项，即 $\epsilon_k$ 和 $\zeta_k$。$\epsilon_k$ 是抽样误差，每个研究的真实值和通过样本得到的观测值之间会在抽样过程中产生抽样误差。误差项 $\zeta_k$ 表示研究的真实效应值是从效应值的总体分布中抽样得出的，这意味着数据中存在研究间异质性。由于上述方程包括固定效应（$\beta$ 系数）和随机效应（$\zeta_k$），因此元回归中使用的模型通常被称为混合效应模型。

### 6.3.2　分类预测变量的元回归

事实上，如前所述，亚组分析只不过是一个带有分类预测因子的元回归。这样的分类变量可以通过哑变量来包含，例如：

$$D_g = \begin{cases} 0: \text{Subgroup } A \\ 1: \text{Subgroup } B \end{cases}$$

要以元回归的形式指定子组分析，只需将协变量 $x_k$ 替换为 $D_g$：

$$\hat{\theta}_k = \theta + \beta D_g + \epsilon_k + \zeta_k$$

与所有统计模型一样，元回归模型的目标是解释观察到的数据是如何生成的。

首先，取 $\theta$ 作为回归模型的截距。$\theta$ 的值与子组 A 的真实总体效应值是相同的，为了了解为什么是这样，需要了解下一个“组成部分”，即 $\beta D_g$。本项中 $\beta$ 的值表示子组 A 与子组 B 之间的效应值差异 $\theta_\Delta$。$\beta$ 的值与 $D_g$ 相乘，根据研究是属于子组 A（$D_g = 0$）还是子组 B（$D_g = 1$），其值可以为 0 或 1。因为与 0 相乘得到 0，所以当处理子组 A 中的研究时，$\beta D_g$ 项完全脱离了方程。当 $D_g = 1$ 时，$\beta$ 乘以 1，这意味着 $\beta$ 留在方程中，并被添加到 $\theta$ 中，这为其提供了子组 B 中的总体效应值。本质上，使用虚拟变量可将两个公式整合为一个公式。当分别写下每个子组的公式时，就很容易看到这一点：

$$D_g = \begin{cases} 0: \hat{\theta}_k = \theta_A + \epsilon_k + \zeta_k \\ 1: \hat{\theta}_k = \theta_A + \theta_\Delta + \epsilon_k + \zeta_k \end{cases}$$

这样写，公式实际上包含两个模型，一个用于子组 A，另一个用于子组 B，这两个模型之间的主要区别在于，第二个子组的效果是向上或向下“移动”的，这取决于 $\beta$ 的值（在上面的公式中表示为 $\theta_{\Delta}$）。这也表明，亚组分析像正常回归一样，它们使用一些变量 $x$ 来预测 $y$ 的值，在例子中，研究的是效应值，特别的是 $\beta x_k$ 不是连续的，它是添加到预测中的固定值，其赋值取决于一项研究是否属于某个子组。这个固定值 $\beta$ 是两个子组之间效应值的估计差异。

### 6.3.3　连续预测变量的元回归

当谈到“元回归”时，通常会想到使用连续变量作为预测变量的模型。这里也使用了 6.3.2 节讨论过的回归公式，但公式里变量的意义略有不同。$\theta$ 仍然代表截距，但现在表示 $x=0$ 时的预测效应值。在截段中添加了 $\beta x_k$，这部分代表回归斜率，连续变量 $x$ 与回归权值 $\beta$ 相乘，从而降低或提高对不同协变量值的预测效果。元回归模型的目的是找到 $\theta$ 和 $\beta$ 的值，使研究的预测效应值与真实效应值之间的差异最小。

$$\hat{\theta}_k = \theta + \beta x_k + \epsilon_k + \zeta_k$$

仔细观察元回归公式，可以发现它包含两种类型的项。有些项包含下标 $k$，而其他项则没有。下标 $k$ 表示该值因研究而异。当一个项不包含下标 $k$ 时，意味着它对所有研究都是相同的。

在元回归中，$\theta$ 和 $\beta$ 都是不变的，或者说是固定的。这说明了一些关于元回归的重要内容：基于预测变量的变化和观察到的效果，元回归试图以回归的形式“提取”数据背后的固定模式。如果元回归模型很好地拟合数据，估计参数 $\theta$ 和 $\beta$ 可以用来预测模型以前从未见过的研究的效应值（假设我们知道 $x$）。考虑到抽样误差 $\epsilon_k$ 和研究间异质性 $\zeta_k$，元回归旨在构建一个拟合良好的模型，不仅能够准确反映观察到的效应值，还能适用于所有可能感兴趣的研究。

### 6.3.4　模型拟合评估

关于元回归模型的一个重要细节是，它们可以被视为用来汇集效应值的

“正常”随机效应模型的延伸。随机效应模型是一个没有斜率（slope）项的元回归模型。由于它不包含斜率，随机效应模型对每个研究都是简单地预测相同的值，汇总效应值的估计值 $\mu$ 相当于截距。在合并效应值的过程中，元回归的计算与随机效应元分析的计算非常相似，因为研究之间的异质性 $\tau^2$ 是使用 REML 来估计的。下一步，对固定权值 $\theta$ 和 $\beta$ 进行估计。正态线性回归模型使用普通最小二乘（OLS）方法来寻找最适合数据的回归线。在元回归中，使用了 WLS 估计方法的改进方法，它确保具有较小标准误差的研究被赋予较高的权重。

一旦找到最优解就可以检查新添加的回归项是否解释了部分效应值异质性。如果元回归模型很好地拟合了数据，那么与汇集效应 $\hat{\mu}$ 相比，真实效应值与回归线的偏差应该更小。如果是这样的话，预测变量 $x$ 解释了元分析中的一些异质性差异。因此，元回归模型的拟合程度可以通过检查它解释了多少异质性方差来评估。混合效应模型中包含的预测因子应该将剩余或无法解释的异质性方差的数量最小化，我们用 $\tau^2_{\text{unexplained}}$ 表示。在回归分析中，通常使用 $R^2$ 指数来量化模型解释的变异百分比。一个类似的指数 $R^2_*$ 也可以用于元回归计算，在这里添加了一个星号，表示元回归中的 $R^2$ 与传统回归中使用的稍微不同，因为处理的是真实的效应值，而不是观察到的数据点。$R^2_*$ 的公式如下：

$$R^2_* = 1 - \frac{\hat{\tau}^2_{\text{unexplained}}}{\hat{\tau}^2_{(\text{total})}}$$

$R^2_*$ 使用的是即使是元回归斜率也无法解释的剩余异质性方差，并将其与最初在元分析中发现的总异质性联系起来。从 1 中减去这个分数就得到了预测因子解释的研究间异质性的百分比。

还有一种表示 $R^2_*$ 的方法，它表达了与初始随机效应池模型相比，混合效应模型减少了多少异质性方差，该种方法以百分比为单位。由此得出以下公式：

$$R_*^2 = \frac{\hat{\tau}_{\text{REM}}^2 - \hat{\tau}_{\text{MEM}}^2}{\hat{\tau}_{\text{REM}}^2}$$

式中，$\hat{\tau}_{\text{REM}}^2$ 表示随机效应模型中研究间异质性；$\hat{\tau}_{\text{MEM}}^2$ 表示混合效应回归模型估计的总异质性。

通常，研究者不仅对回归模型解释的异质性感兴趣，而且对预测变量 $x$ 的回归权重是否显著也感兴趣。如果是显著的话就可以非常确信 $x$ 对研究的效应值有影响。在常规回归和元回归中，回归权重的显著性通常通过 Wald 检验来评估。这包括通过将 $\beta$ 的估计值除以其标准误差来计算检验统计量 $z$：

$$z = \frac{\hat{\beta}}{\text{SE}_{\hat{\beta}}}$$

在零假设 $\beta = 0$ 下，这个 $z$ 统计量服从标准正态分布，研究者可以计算相应的 $p$ 值，通过该值确定预测变量是否显著。但是，基于 $z$ 统计量的测试并不是评估预测变量重要性的唯一方法。像在正常的元分析模型中一样，研究者也可以使用 Knapp-Hartung 方法调整，其结果是基于 $t$ 分布的检验统计量，通常建议使用 Knapp-Hartung 方法，因为它减少了假阳性的风险。

### 6.3.5 元回归的 R 语言实操

1. 分类预测变量的元回归的 R 语言实操

在 R 语言中，进行元回归的主要函数是 metareg()函数，它属于 meta 包。该函数用于在元分析中执行回归分析，以探索效应值与预测变量之间的关系。这里仍然使用数据集 data4 在 6.4 节中生成的元分析输出对象 m.cor。

metareg() 函数的基本语法是 metareg(meta_object, formula)。其中 meta_object 是一个元分析对象，在本例中是 m.cor。formula 是一个公式，指定效应值与自变量之间的关系，在本示例中是 Publication，该变量是一个哑变量化的调节变量，如图 6-7 所示。

如图 6-7 所示，结果表明残差异质性方差的估计值，即未被预测变量解释的方差，$\hat{\tau}^2_{\text{unexplained}} = 0.0110$。$I^2 = 87.72\%$表明在纳入预测变量后，数据中87.72 %的可变性归因于研究间异质性。

```
> pub.reg <- metareg(m.cor, Publication)
> pub.reg

Mixed-Effects Model (k = 37; tau^2 estimator: REML)

tau^2 (estimated amount of residual heterogeneity):     0.0110 (SE = 0.0035)
tau (square root of estimated tau^2 value):             0.1050
I^2 (residual heterogeneity / unaccounted variability): 87.72%
H^2 (unaccounted variability / sampling variability):   8.14
R^2 (amount of heterogeneity accounted for):            0.00%

Test for Residual Heterogeneity:
QE(df = 35) = 198.2914, p-val < .0001

Test of Moderators (coefficient 2):
QM(df = 1) = 0.1426, p-val = 0.7057

Model Results:

                   estimate      se     zval    pval    ci.lb   ci.ub
intrcpt             -0.0161  0.0741  -0.2174  0.8279  -0.1614  0.1292
Publication已发表   -0.0291  0.0770  -0.3776  0.7057  -0.1801  0.1219

---
Signif. codes:  0 '***' 0.001 '**' 0.01 '*' 0.05 '.' 0.1 ' ' 1
```

图 6-7　分类预测变量元回归 R 语言代码及输出结果

在输出结果中可以看到 $R^2_*$ 的值，在示例中是 0.00%。这意味着发表年份不能解释真实效应大小差异。接下来是残余异质性的检验，本质上是 $Q$ 检验，它检验的是未被预测因子解释的异质性是否显著，该示例中 $p < 0.0001$，说明未被预测因子解释的异质性显著。

在 Test of Moderators 中，$p = 0.7057$，没有统计意义，意味着预测指标并不会影响研究的效应值。

2. 连续预测变量的元回归的 R 语言实操

连续预测变量的元回归使用的函数也是 metareg()函数，示例中研究的问题是检测发表年份是否和效果量差异有关。该代码将此连续变量输入元分析模型，并将结果保存为 year.reg，如图 6-8 所示。

```
> year.reg <- metareg(m.cor, pub_year)
> year.reg

Mixed-Effects Model (k = 37; tau^2 estimator: REML)

tau^2 (estimated amount of residual heterogeneity):     0.0107 (SE = 0.0035)
tau (square root of estimated tau^2 value):             0.1037
I^2 (residual heterogeneity / unaccounted variability): 86.69%
H^2 (unaccounted variability / sampling variability):   7.51
R^2 (amount of heterogeneity accounted for):            0.00%

Test for Residual Heterogeneity:
QE(df = 35) = 190.3773, p-val < .0001

Test of Moderators (coefficient 2):
QM(df = 1) = 0.9281, p-val = 0.3354

Model Results:

          estimate       se     zval    pval      ci.lb    ci.ub
intrcpt    12.2346  12.7447   0.9600  0.3371  -12.7446  37.2137
pub_year   -0.0061   0.0063  -0.9634  0.3354   -0.0185   0.0063

---
Signif. codes:  0 '***' 0.001 '**' 0.01 '*' 0.05 '.' 0.1 ' ' 1
```

图 6-8　连续预测变量元回归 R 语言代码及输出结果

如图 6-8 所示，结果表明残差异质性方差的估计值，即未被预测变量解释的方差，$\hat{\tau}^2_{\text{unexplained}} = 0.0107$。$I^2 = 86.69\ \%$表明在纳入预测变量后，数据中 86.69 %的可变性归因于研究间异质性。

在输出结果中可以看到 $R^2_*$ 的值，在示例中是 0.00%。这意味着发表年份不能解释真实效应大小差异。接下来是残余异质性的检验，本质上是 $Q$ 检验，它检验的是未被预测因子解释的异质性是否显著，该示例中 $p < 0.0001$，说明仍然存在其他预测变量能够解释的该示例中的研究间异质性。

在 Test of Moderators 中，$p = 0.3354$，没有统计意义，意味着预测指标，即发表年份并不会影响研究的效应值。

Model Results 提供了关于估计回归系数的更多细节。第一行显示了 intrcpt 参数（代表截距英文 intercept）的结果，当预测变量为零时，这是预期的效应值。回归系数的估计为–0.0061，这意味着每增加一年，一项研究的效应值 $r$ 预计将减少 0.0061。95%的置信区间包含 0，说明效果不显著。

3. 三水平随机效应模型元回归的 R 语言实操

这里值得注意的是三水平随机效应模型的元回归和随机效应模型的代码

实操是不同的。建立完三水平的元分析模型之后，可以对调节变量的整体效应值进行检验。在 R 语言中，我们可以通过指定 rma.mv()函数的输入参数 mods 来实现检验。在该函数中，mods 参数在赋值之前应添加一个前置符号“~”，在样例中即为 mods = ~ Publishment。

如图 6-9 所示，最重要的输出结果是 Test of Moderators。结果表明统计检验值 $F_{(1,66)} = 2.2689$，$p = 0.1368$，说明小组之间没有显著差异。

```
> model.D<-rma.mv(z, z.v, random = ~ 1 | cluster/ESID, tdist = TRUE, data = data3,
method = "REML",mods = ~ Publishment)
> model.D

Multivariate Meta-Analysis Model (k = 68; method: REML)

Variance Components:

            estim    sqrt  nlvls  fixed        factor
sigma^2.1  0.0087  0.0931     44     no       cluster
sigma^2.2  0.0033  0.0576     68     no  cluster/ESID

Test for Residual Heterogeneity:
QE(df = 66) = 766.2523, p-val < .0001

Test of Moderators (coefficient 2):
F(df1 = 1, df2 = 66) = 2.2689, p-val = 0.1368

Model Results:

             estimate      se     tval  df    pval    ci.lb   ci.ub
intrcpt        0.1789  0.0813   2.1996  66  0.0313   0.0165  0.3412  *
Publishment   -0.1256  0.0834  -1.5063  66  0.1368  -0.2921  0.0409

---
Signif. codes:  0 '***' 0.001 '**' 0.01 '*' 0.05 '.' 0.1 ' ' 1
```

图 6-9　三水平模型元回归 R 语言代码及输出结果

另一个输出参数为 Model Results，它呈现的是一个元回归框架表（within a meta-regression framework），该表格中的参数并非直接等于效应值，而是需要公式计算。

其中，第一行 intrcpt 参数，它代表的是当 Publishment = 0 时 $r$ 的取值，即同行评议文章的值。而第二行预测变量 Publishment 的估值可以理解成斜率。而整体效应值应等于截距加上斜率，即：$z_{\text{publishment}} = \beta_0 + \beta_{\text{pulishment}} = 0.1789 + (-0.1256) = 0.0533$。

# / 第 7 章 /

# 中 介 效 应

在元分析中，知道平均效果通常是不够的。研究者想知道更多关于何时、何地、为什么以及理论如何起作用的信息。这些问题与中介模型的检验有关。中介是解释两个变量之间机制的变量，中介效应在检验社会科学研究假设方面发挥着重要作用。本章将元分析扩展到检验效应大小的中介模型，介绍中介效应的界定、检验方法以及相应的 R 语言操作实例以供大家参考。

## 7.1　中介效应及检验方法

### 7.1.1　中介效应的界定

中介变量是自变量对因变量产生影响的中介，是自变量对因变量产生影响的实质性的、内在的原因，也就是说，自变量通过中介变量对因变量产生作用。当自变量 $X$ 通过变量 $M$ 来间接影响因变量 $Y$ 时，变量 $M$ 就被定义为中介变量。中介变量通常用来解释变量关系的作用机制，即 $X$ 是如何影响 $Y$ 的，如图 7-1 所示。

目前比较流行的中介效应检验方法为依次检验法、Sobel 法（也被称作 Delta 法）、蒙特卡罗置信区间法（Monte Carlo confidence interval method）和 Bootstrap 法。

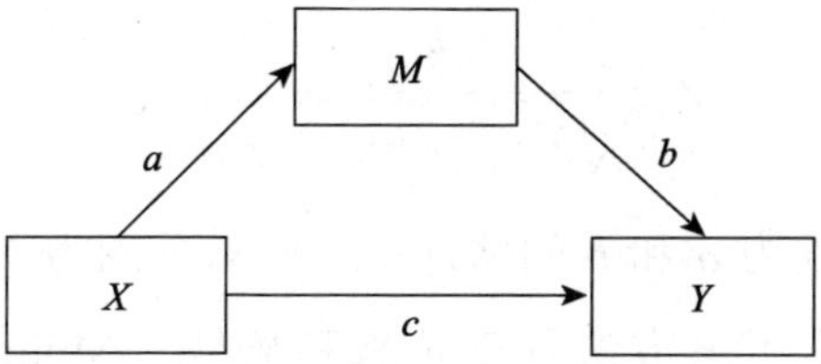


图 7-1　中介效应模型图

### 7.1.2　依次检验法

Baron 和 Kenny 提出了中介效应的逐步检验法。该方法将中介效应的检验分为三步：第一步，做因变量对自变量的回归，并将回归系数记为 $c'$；第二步，做中介变量对自变量的回归，并将回归系数记为 $a'$；第三步，做因变量对自变量和中介变量的回归，将因变量与自变量的回归系数记为 $c$，将中介变量与因变量的回归系数记为 $b$。

如果第一步的回归系数 $c'$、第二步的回归系数 $a'$和第三步的回归系数 $b$ 均显著，则中介效应成立。如果第三步的回归系数 $c$ 显著，则为部分中介；如果第三步的回归系数 $c$ 不显著，则为完全中介。由依次检验法可知，自变量对因变量产生显著的直接影响是使用该方法的前提。此外，该方法要求自变量与中介变量的系数 $a$、中介变量与因变量的系数 $b$ 都必须显著。也有不少研究者对该方法提出了批判，认为 $a\times b$ 显著并不一定意味着系数 $a$ 和系数 $b$ 都得显著。他们指出该方法过于严格，容易排除那些 $a\times b$ 显著但系数 $a$ 或系数 $b$ 不显著的结果，如图 7-2 所示。

### 7.1.3　Sobel 法

与依次检验法的思路不同，Sobel 法是直接检验系数 $a$ 与 $b$ 的乘积项 $a\times b$ 的显著性。如果 $a\times b$ 显著，则中介效应成立；如果 $a\times b$ 不显著，则中介效应不成立。Sobel 法检验 $a\times b$ 显著性的统计量公式为

$$Z = \frac{\hat{a}\hat{b}}{\sqrt{\hat{a}^2 s_b{}^2 + \hat{b}^2 s_a{}^2}}$$

式中，$\hat{a}$和$\hat{b}$分别为 $a$ 和 $b$ 的估计；$s_a$和 $s_b$分别为 $a$ 和 $b$ 的标准误。已有计算机仿真研究证实了该方法优于依次检验法。Mplus 软件间接效应命令（model indirect）默认的估计方法为 Sobel 法，不过 Mplus 软件将 Sobel 法称作 Delta 法，其实际含义是一样的。

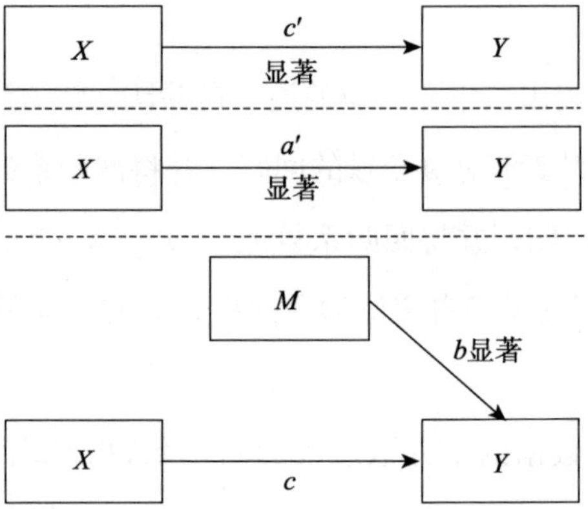


图 7-2　依次检验法中介效应分析策略

### 7.1.4　蒙特卡罗置信区间法

与 Sobel 法的点估计思路不同，蒙特卡罗置信区间法是基于系数 $a$ 和 $b$ 的点估计结果来估计系数乘积项 $a \times b$ 置信区间的一种方法，并根据该置信区间来判断中介效应的显著性。研究者在使用蒙特卡罗法估计中介效应置信区间时，通常需要三个步骤：第一步通过常规的点估计法获得系数 $a$ 和 $b$ 的估计值及标准误 $s_a$和 $s_b$；第二步使用系数 $a$ 和 $b$ 的乘积项 $a \times b$ 产生不少于 1000 个随机样本；第三步基于第二步所生成的随机样本计算系数乘积项 $a \times b$ 置信区间的上限和下限。如果 95%的置信区间不包含 0，则代表中介效应成立，否则中介效应不成立。

### 7.1.5 Bootstrap 法

Sobel 法构造的统计量需要服从正态分布，而这一要求很难满足，从而造成该方法的估计可能是不准确的。为了克服 Sobel 法的局限性，研究者使用 Bootstrap 法来取代 Sobel 法。Bootstrap 法是一种有放回的重复抽样方法，然后依据重复抽样的结果来估计系数乘积项 $a \times b$ 的估计值。然而，该方法并不适用于中介效应的元分析，主要原因在于该方法要求对原始样本进行抽样，而元分析显然无法还原原始样本。

总结起来，从统计功效来看，Sobel 法、蒙特卡罗置信区间法、Bootstrap 法明显优于依次检验法。在使用 Sobel 法、蒙特卡罗置信区间法和 Bootstrap 法开展中介效应元分析时，研究者通常需要借助结构方程模型技术来进行估计。通过计算机仿真研究表明，在使用结构方程模型开展中介效应估计时，蒙特卡罗置信区间法明显优于 Sobel 法，且在某些方面优于 Bootstrap 法。由于 Bootstrap 法不适用于没有原始数据的中介效应元分析检验，因此本书将介绍如何用依次检验法、Sobel 法和蒙特卡罗置信区间法来实现中介效应元分析。

## 7.2 基于结构方程模型的元分析

### 7.2.1 元分析结构方程模型（MASEM）

元分析结构方程模型是结合元分析所建立的相关矩阵，并应用 SEM 进行变量之间复杂研究的分析方法。通过使用元分析结构方程模型，研究者可以汇总来自多个研究的信息来分析含有多个变量之间关系的单个模型，或者比较由不同研究或理论支持的几个模型以得出最佳模型。由于部分实证研究样本是探究自变量到中介变量的关系、部分实证研究样本是探究中介变量到因变量的关系，元分析结构方程模型涉及多变量之间关系且需要对不同研究的模型进行整合，因此是适用元分析结构方程模型的方法。

### 7.2.2 两步实现法

元分析结构方程模型的拟合需要两步结构方程建模（two-stage structural equation modeling，TSSEM）来实现。第一步需要汇总每个研究的效应大小并且得出集合的相关矩阵；第二步计算相关系数矩阵、方差协方差矩阵并进行模型拟合。在第二步中，矩阵的表现形式使用的是网状运动模型（reticular action model，RAM），因此需要用到 $\boldsymbol{A}$、$\boldsymbol{S}$、$\boldsymbol{F}$ 矩阵，通过这三个矩阵估算结构方程模型的参数并评估模型的好坏。

假设 $P(\theta)$ 是随机效应模型下平均总体相关矩阵 $\boldsymbol{P}$ 上提出的相关结构，即在分析中 $\boldsymbol{P} = P(\theta)$。$P(\theta)$ 可以是回归模型、路径模型、CFA 模型或 SEM。随机效应模型假设每项研究在第 $i$ 项研究中都有自己的总体相关矩阵 $\boldsymbol{P}_i$。第 $i$ 个研究样本相关矩阵为 $\boldsymbol{R}_i$。

用向量更方便。可以通过堆叠非对角线元素来向量化这些矩阵，即 $\boldsymbol{\rho}_{\mathrm{R}} = \mathrm{vechs}(\boldsymbol{P})$(下标 R 表示它基于随机效应模型)，$\boldsymbol{\rho}_i = \mathrm{vechs}(\boldsymbol{P}_i)$，$\boldsymbol{r}_i = \mathrm{vechs}(\boldsymbol{r}_i)$。第 $i$ 项研究的随机效应模型为

$$\text{Level 1：} \boldsymbol{r}_i = \boldsymbol{\rho}_i + \boldsymbol{e}_i$$

$$\text{Level 2：} \boldsymbol{\rho}_i = \boldsymbol{\rho}_{\mathrm{R}} + \boldsymbol{u}_i$$

式中，$\boldsymbol{e}_i' \sim (0,\ \boldsymbol{V}_i)$是已知的抽样协方差矩阵；$\boldsymbol{u}_i \sim (0,\ \boldsymbol{T}^2)$是需要估计的异质性协方差矩阵。以下是进行随机效应 TSSEM 第一阶段所需的步骤。第一步通过 CFA 模型估计每个研究中已知的抽样协方差矩阵 $\boldsymbol{V}_i$。估计的 $\boldsymbol{V}_i$ 在随后的分析中被视为已知值。第二步对相关向量进行多元元分析。这里有两个问题值得注意。一是 TSSEM 的效应量通常比多变量元分析的典型应用要大得多。例如，合成维度为 5 × 5 的相关矩阵并不罕见。

二是两步实现法需要将第一步的估计值作为第二步分析的样本统计量。因

此，$\boldsymbol{r}_{\mathrm{R}}=\hat{\rho}\boldsymbol{R}$ 和 $\boldsymbol{V}_{\mathrm{R}}=\hat{V}\boldsymbol{R}$。在第二阶段的分析中，我们将它们作为拟合结构模型 $\boldsymbol{\rho}_{\mathrm{R}}(\theta)=\mathrm{vechs}(\boldsymbol{P}(\theta))$ 的输入。第二步分析中的差异函数为

$$\boldsymbol{F}_{\mathrm{wls}}(\theta)=\left(\boldsymbol{r}_{\mathrm{R}}-\boldsymbol{\rho}_{\mathrm{R}}(\theta)\right)\boldsymbol{V}_{\mathrm{R}}^{-1}\left(\boldsymbol{r}_{\mathrm{R}}-\boldsymbol{\rho}_{\mathrm{R}}(\theta)\right)$$

## 7.3 元分析中介效应检验实例

无论是使用依次检验法还是 Sobel 法来检验中介效应，都需要借助结构方程模型分析软件来实现。考虑到 Sobel 法的统计功效更优，本书推荐使用 Sobel 法来开展中介效应元分析。

### 7.3.1 依次检验法检验中介效应元分析

研究者在使用依次检验法检验中介效应时需要基于结构方程模型元分析的基本步骤来进行中介效应检验，即使用 CMA 软件或者其他元分析软件整合自变量、中介变量和因变量的元分析效应值相关系数矩阵。若自变量与因变量的系数、自变量与中介变量的系数均显著，则需要通过 Mplus 软件或者 LISREL 软件来验证依次检验法的第三个步骤。

1. 在 Mplus 软件中通过依次检验法检验中介效应元分析的实例

表 7-1 为 Mplus 软件中通过依次检验法检验中介效应元分析的实例。

**表 7-1 Mplus 软件中通过依次检验法检验中介效应元分析的实例**

| 命 令 | 含 义 |
|---|---|
| DATA: | 数据命令 |
| FILE IS “C:\ MPLUS.txt”; | 界定文件位置（需更改） |
| TYPE is CORRELATION; | 界定数据类型为相关矩阵 |
| NOBSERVATIONS = 5814; | 界定样本量（需更改） |
| VARIABLE: | 变量命令 |

续表

| 命　令 | 含　义 |
|---|---|
| NAMES ARE Y M X; | 界定变量名称（需更改） |
| ANALYSIS: | 分析命令 |
| TYPE = GENERAL; | 界定类型 |
| ESTIMATOR = ML; | 估计方法 |
| MODEL: | 模型命令 |
| Y ON X M; | 界定 *Y* 对 *X*、*M* 的回归（需更改） |
| M ON X; | 界定 *M* 对 *X* 的回归（需更改） |
| OUTPUT: | 输出命令 |
| STD; | 输出标准化估计结果 |

Mplus 软件中介效应元分析系数结果如表 7-2 所示，可以看到当自变量 *X* 和中介变量 *M* 进入回归模型后，*M* 与 *Y* 的系数均显著（$\beta = 0.164$，$p = 0.000$），因此中介效应得证。又因为 *X* 与 *Y* 的系数也显著（$\beta = -0.056$，$p = 0.000$），所以该中介效应为部分中介。由于模型为饱和模型（Sabated model），故拟合指数是“完美的”（The Model is Sabated，the Fit is Dfect），即 RMSEA = 0，CFI = 1，TLI = 1，SRMR = 0。

**表 7-2　Mplus 软件中介效应元分析系数结果**

| 变量 | 系数估计值 | 系数标准误 | *Z* 值 | 显著性水平 |
|---|---|---|---|---|
| | | *Y*　ON | | |
| *X* | −0.056 | 0.013 | −4.293 | 0.000 |
| *M* | 0.164 | 0.013 | 12.527 | 0.000 |
| | | *M*　ON | | |
| *X* | −0.164 | 0.013 | −12.677 | 0.000 |
| | | 残差 | | |
| *Y* | 0.967 | 0.018 | 53.917 | 0.000 |
| *M* | 0.973 | 0.018 | 53.917 | 0.000 |

注：表中所标注需更改部分需要根据自己的数据文件位置、样本量、变量名称等进行更改。

2. 在 LISREL 软件中通过依次检验法检验中介效应元分析的实例

表 7-3 为在 LISREL 软件中通过依次检验法中介效应元分析代码示例。

**表 7-3 在 LISREL 软件中通过依次检验法检验中介效应元分析代码示例**

| 代 码 | 含 义 |
|---|---|
| SEM-based Meta-analysis Model | 标题 |
| DA NI = 3 NO = 5814 MA = KM | 修改变量数（NI）和样本量（NO） |
| LA; 'Y' 'M' 'X' | 界定变量名称 |
| KM SY | 界定相关矩阵 |
| 1.000 | 相关矩阵第一行 |
| 0.173 1.000 | 相关矩阵第二行 |
| －0.083 －0.164 1.000 | 相关矩阵第三行 |
| MO NX = 1 NY = 2 GA = FU,FI BE = FU FI | 修改自变量数（NX）和因变量数（NY） |
| FG GA 1 1 GA 2 1 | 界定自变量对中介/因变量的影响 |
| FR BE 1 2 | 界定中介变量对因变量的影响 |
| PD | 画图命令 |
| OU SS SC ND = 3 | 输出命令 |

### 7.3.2 Sobel 法检验中介效应元分析

Mplus 软件和 LISREL 软件中均内置了利用 Sobel 法估计间接效应乘积项（即图 7-1 中系数 $a\times b$）的程序，所以进行 Sobel 检验中介效应只需在依次检验法分析程序的基础上增加间接效应的命令即可。

1. 在 Mplus 软件中通过 Sobel 法检验中介效应元分析的代码实例

Mplus 软件通过 Sobel 法估计间接效应乘积项的命令为 MODEL INDIRECT。因此，研究者只需要在通过依次检验法检验中介效应的 Mplus 代码的基础上增加 MODEL INDIRECT 命令，界定 $X$ 到 $Y$ 的间接效应（Y ind X），就可以在 Mplus 软件的输出结果中看到中介效应分析结果。表 7-4 为在 Mplus 软件中通过 Sobel 法检验中介效应元分析的代码实例。

表 7-4　在 Mplus 软件中通过 Sobel 法检验中介效应元分析的代码实例

| 命　令 | 含　义 |
|---|---|
| DATA: | 数据命令 |
| FILE IS “C:\ MPLUS.txt”; | 界定文件位置（需更改） |
| TYPE is CORRELATION; | 界定数据类型为相关矩阵 |
| NOBSERVATIONS = 5814; | 界定样本量（需更改） |
| VARIABLE: | 变量命令 |
| NAMES ARE Y M X; | 界定变量名称（需更改） |
| ANALYSIS: | 分析命令 |
| TYPE = GENERAL; | 界定类型 |
| ESTIMATOR = ML; | 估计方法 |
| MODEL: | 模型命令 |
| Y ON X M; | 界定 *Y* 对 *X*、*M* 的回归（需更改） |
| M ON X; | 界定 *M* 对 *X* 的回归（需更改） |
| MODEL INDIRECT: | 间接效应命令 |
| Y ind X; | 界定 *X* 到 *Y* 的间接效应 |
| OUTPUT: | 输出命令 |
| STD; | 输出标准化估计结果 |

注：C:\ MPLUS.txt 表示数据文件，需根据具体文件名称更改。

表中所标注需更改部分需要根据自己的数据文件位置、样本量、变量名称等进行更改。

*X* 通过 *M* 影响 *Y* 的间接效应估计值即前面所说的系数乘积项 $a\times b$。若该乘积项的系数是显著的，则中介效应得到验证。表 7-5 为在 Mplus 软件中通过 Sobel 法检验中介效应元分析的输出结果，从表 7-5 中可见，*X* 通过 *M* 影响 *Y* 的间接效应估计值为 − 0.027（$p = 0.000$），等于系数 *a* 乘以系数 *b*（$a\times b = -0.1640\times 0.164\approx -0.027$）。且系数显著，因此中介效应得到验证。*X* 到 *Y* 的直接效应为 − 0.056，总效应为 − 0.083，即直接效应（ − 0.056）与间接效应（ − 0.027）之和。

表 7-5　在 Mplus 软件中通过 Sobel 法检验中介效应元分析的输出结果

| 变　量 | 系数估计值 | 系数标准误 | *Z* 值 | 显著性水平 |
|---|---|---|---|---|
| Effects from *X* to *Y*（*X* 到 *Y* 的效应） | | | | |
| 总体效应 | − 0.083 | 0.013 | − 6.349 | 0.000 |
| 总体间接效应 | − 0.027 | 0.003 | − 8.910 | 0.000 |

续表

| 变量 | 系数估计值 | 系数标准误 | Z 值 | 显著性水平 |
|---|---|---|---|---|
| Specific indirect（具体的间接效应） | | | | |
| *Y* | | | | |
| *M* | | | | |
| *X* | −0.027 | 0.003 | −8.910 | 0.000 |
| Direct（直接效应） | | | | |
| *Y* | | | | |
| *X* | −0.056 | 0.013 | −4.293 | 0.000 |

2. 在 LISREL 软件中通过 Sobel 法检验中介效应元分析的代码实例

如表 7-6 所示，LISREL 软件中通过 Sobel 法估计间接效应乘积项的命令为 EF，只需要在依次检验法代码输出命令 OU 后边增加一个 EF 即可。不过 EF 只能输出一个变量到另一个变量中间所有间接效应之和。如果 *X* 与 *Y* 之间有两个或者两个以上中介变量（如 $M_1$ 和 $M_2$），看不到 $X \to M_1 \to Y$ 和 $X \to M_2 \to Y$ 各自的间接效应，只能看到这两个间接效应之和。

**表 7-6 在 LISREL 软件中通过 Sobel 法检验中介效应元分析的代码实例**

| 代码 | 含义 |
|---|---|
| SEM-based Meta-analysis Model | 标题 |
| DA NI = 3 NO = 5814 MA = KM | 修改变量数（NI）和样本量（NO） |
| LA; 'Y' 'M' 'X' | 界定变量名称 |
| KM SY | 界定相关矩阵 |
| 1.000 | 相关矩阵第一行 |
| 0.173 1.000 | 相关矩阵第二行 |
| −0.083 −0.164 1.000 | 相关矩阵第三行 |
| MO NX = 1 NY = 2 GA = FU, FI BE = FU FI | 修改自变量数（NX）和因变量数（NY） |
| FG GA 1 1 GA 2 1 | 界定自变量对中介/因变量的影响 |
| FR BE 1 2 | 界定中介变量对因变量的影响 |
| PD | 画图命令 |
| OU SS SC ND = 3 EF | 输出命令，EF 估计间接效应 |

随后，研究者就可以在输出结果中找到 Total and Indirect Effects 的分析结果，系数及标准误的估计结果与 Mplus 软件完全一致，不过 Mplus 软件检验显著性

的统计量是 $Z$ 值，而 LISREL 软件检验显著性的检验统计量是 $t$ 值。当样本量比较大时，二者几乎是等价的。对于元分析而言，样本量通常都比较大，此时检验统计量大于 1.96 代表 $p < 0.05$、大于 2.58 代表 $p < 0.01$、大于 3.29 代表 $p < 0.001$。表 7-7 为在 LISREL 软件中通过 Sobel 法检验元分析中介效应输出结果示例。

**表 7-7　在 LISREL 软件中通过 Sobel 法检验元分析中介效应输出结果示例**

| 变　量 | $X$ 到 $Y$ 的总体效应 | | $X$ 到 $Y$ 的间接效应 |
|---|---|---|---|
| — | $X$ | — | $X$ |
| $Y$ | −0.083 | $Y$ | −0.027 |
| | (−0.013) | | (−0.003) |
| | −6.351 | | −8.911 |
| | $X$ | | $X$ |
| $M$ | −0.164 | 参数含义 | 路径系数 |
| | (−0.013) | | （标准误） |
| | −12.677 | | $t$ 值 |

### 7.3.3　蒙特卡罗置信区间法检验中介效应元分析

前面的依次检验法已经给出了系数 $a$ 和 $b$ 的估计值以及标准误 $s_a$ 和 $s_b$，接下来可以使用 R 软件来实现蒙特卡罗置信区间检验。R 软件是一个开源且免费的统计软件，蒙特卡罗置信区间法 R 代码示例如表 7-8。

**表 7-8　蒙特卡罗置信区间法 R 代码示例**

| 代　码 | 含　义 |
|---|---|
| a1 = –0.164 | 自变量到中介变量的系数 |
| b1 = 0.164 | 中介变量到因变量的系数 |
| A1std = 0.013 | 自变量到中介变量系数的标准误 |
| B1std = 0.013 | 中介变量到因变量系数的标准误 |
| Rep = 20000 | 随机生成样本参数的数量 |
| Conf = 95 | 置信区间水平 |
| A1vec = rnorm(rep)*a1std + a1 | 系数 $a_1$ 的随机向量 |
| B1vec = rnorm(rep)*b1std + b1 | 系数 $b_1$ 的随机向量 |
| Total = a1vec*b1vec | 总体效应值 |
| Low = (1-conf/100)/2 | 双尾下限的置信水平 |
| Upp = (1-conf/100)/2 | 双尾上限的置信水平 |

续表

| 代码 | 含义 |
|---|---|
| LL = quantile(total,low) | 置信区间下限 |
| UL = quantile(total,upp) | 置信区间上限 |
| LL4 = format(LL,digits = 4) | 置信区间下限保留 4 位小数 |
| UL4 = format(UL,digits = 4) | 置信区间上限保留 4 位小数 |
| Hist(total,breaks = 'FD',col = 'skyblue', xlab = paste(conf, '% Confidence interval ','LL',LL4, 'UL',UL4), main = 'Distribution of Total Indirect Effect') | 作图命令 |

# 7.4 多重中介效应元分析检验实例

## 7.4.1 多重中介效应

如果有多个中介变量，即存在多重中介效应，或者中介变量之间有因果关系，即存在多重链式中介效应（即 $A \to B \to C \to D$ 时），就需要在同一个模型中估计这些间接效应。根据中介效应的 Sobel 法检验思路，需要计算这些间接路径系数的乘积项。比如，在图 7-3 所示的多重中介效应中需要估计两条间接路径的乘积项 $a_1 \times b_1$、$a_2 \times b_2$；而图 7-4 所示的多重链式中介效应则需要估计三条间接路径的乘积项 $a \times e$、$d \times c$、$a \times b \times c$。只要这些间接效应乘积项的系数显著，就可以认为其对应的间接路径成立。Mplus 软件和 LISREL 软件均可以实现这些参数的估计。

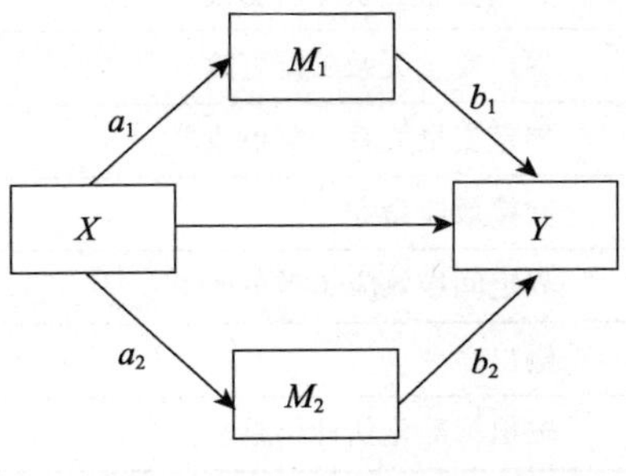


图 7-3 多重中介效应模型图

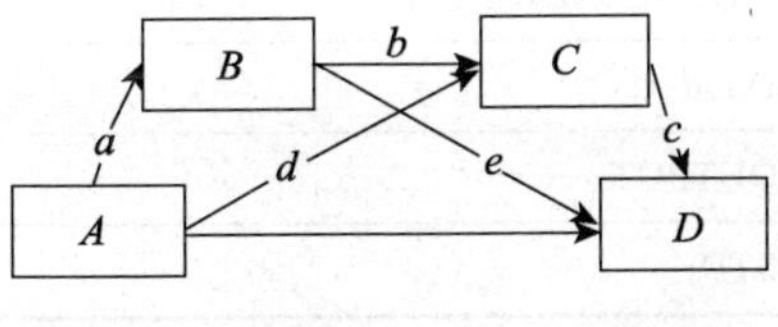


图 7-4 多重链式中介效应模型图

## 7.4.2 多重中介效应元分析检验

Mplus软件的MODEL INDIRECT命令可以实现多重中介效应的自动估计。以估计图 7-4 所示的链式多重中介模型为例，假设样本量的调和平均数为10256。

可以在之前的程序中增加MODEL INDIRECT命令，估计AA到DD之间所有的中介效应。*A* 与 *D* 之间存在三条间接路径，即 *A*→*B*→*D*、*A*→*C*→*D*、*A*→*B*→*C*→*D*。Mplus 软件中多重中介效应元分析检验示例如表 7-9 所示。

**表 7-9 Mplus 软件中多重中介效应元分析检验示例**

| 命　　令 | 含　　义 |
| --- | --- |
| DATA: | 数据命令 |
| FILE IS "C:\ MPLUS.txt"; | 界定文件位置（需更改） |
| TYPE is CORRELATION; | 界定数据类型为相关矩阵 |
| NOBSERVATIONS = 10256; | 界定样本量（需更改） |
| VARIABLE: | 变量命令 |
| NAMES ARE D C B VER HOR A; | 界定变量名称（需更改） |
| USEVARIABLES = D C B A; | 界定使用的变量（需更改） |
| ANALYSIS: | 分析命令 |
| TYPE = GENERAL; | 界定类型 |
| ESTIMATOR = ML; | 估计方法 |
| MODEL: | 模型命令 |
| C ON A B; | 界定变量关系（需更改） |
| B ON A; | 界定变量关系（需更改） |
| D ON A C B; | 界定变量关系（需更改） |
| MODEL INDIRECT: | 间接效应命令 |
| D ind A; | 界定间接效应（需更改） |
| OUTPUT: | 输出命令 |
| STD; | 输出标准化估计结果 |

注：文中所标注需更改部分需要根据自己的数据文件位置、样本量、变量名称等进行更改。

表 7-10 是通过 Mplus 软件进行多重中介效应元分析的间接效应估计输出结果。根据图 7-5 中的系数，可以分别计算出 $A \to C \to D$ 的间接效应估计值为 $0.203 \times 0.069 = 0.014$、$A \to B \to D$ 的间接效应估计值为 $(-0.066) \times (-0.135) = 0.009$、$A \to B \to C \to D$ 的间接效应估计值为 $(-0.066) \times (-0.201) \times 0.069 = 0.001$。从间接效应估计结果可以看到，这三个间接效应乘积项的显著性水平都为零，即这三个间接效应均是显著的。

**表 7-10　通过 Mplus 软件进行多重中介效应元分析的间接效应估计输出结果**

| 变　量 | 系数估计值 | 系数标准误 | *Z* 值 | 显著性水平 |
|---|---|---|---|---|
| Effects from A to D（*A* 到 *D* 的效应） | | | | |
| Total | | | | |
| 间接效应与直接效应之和 | 0.160 | 0.010 | 16.418 | 0.000 |
| 所有间接效应之和 | 0.024 | 0.003 | 8.889 | 0.000 |
| Specific indirect（具体的间接效应） | | | | |
| *A*→*C*→*D* 的间接效应估计值 | | | | |
| *D* | | | | |
| *C* | | | | |
| *A* | 0.014 | 0.002 | 6.501 | 0.000 |
| *A*→*B*→*D* 的间接效应估计值 | | | | |
| *D* | | | | |
| *B* | | | | |
| *A* | 0.009 | 0.001 | 6.022 | 0.000 |
| *A*→*B*→*C*→*D* 的间接效应估计值 | | | | |
| *D* | | | | |
| *C* | | | | |
| *B* | | | | |
| *A* | 0.001 | 0.000 | 4.663 | 0.000 |

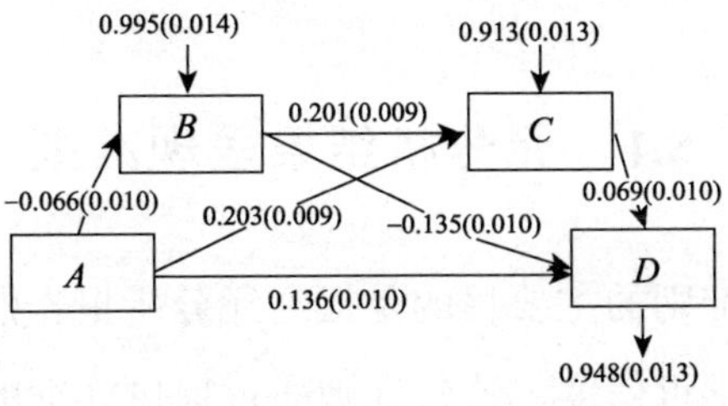


图 7-5　多重链式中介效应路径系数图示例

# / 第 8 章 /

# 汇 报 结 果

在元分析研究中，结果的呈现不仅是对数据和发现的简单展示，更是整个研究过程透明性和科学性的体现。本章旨在帮助研究者准确、详尽地展示元分析的结果，并确保其具有清晰、可信和可重复的特质。

在前面的章节中，我们已经详细探讨了元分析的基础理论、方法选择、具体操作步骤等内容。然而，如何将这些分析过程及其所得结果准确无误地呈现出来，关系到整个研究的价值和可信度。因此，本章承接此前的讨论，重点介绍元分析结果的汇报准则，并为研究者提供有效工具，以提升结果汇报的质量。本章 8.1 节通过对主要汇报标准的解读与比较，研究者可以更加系统、全面地呈现元分析的成果，为科学研究提供可靠的证据支持。8.2 节通过具体实例展示这些标准的应用，帮助研究者掌握元分析结果呈现的核心技巧。通过本章的学习，读者将了解如何基于国际权威准则，系统化、透明化地展示元分析结果，从而提升元分析研究的影响力和实践价值。

## 8.1　元分析结果呈现准则

元分析结果呈现准则的主要目的是提高元分析报告的质量，确保研究的透明性、可重复性和科学可信度。这些准则通过提供详细的条目清单，帮助研究者全面、清晰地报告他们的研究过程和结果，从而为实践和政策提供可靠的证据基础。元分析是一种通过综合多个独立研究结果来得出更全面结论的研究方法，因此，标准化的结果呈现准则对于确保其科学性和严谨性至关重要。本节将介绍几个主要的元分析结果呈现准则，包括 PRISMA 标准、MARS 标准和中国学者提出的元分析结果呈现准则 PRIOR-MA，并对它们进行概括总结，以期帮助研究者全面地呈现元分析结果。

### 8.1.1 PRISMA 标准

PRISMA 标准（preferred reporting items for systematic reviews and meta-analyses）是一套广泛应用于系统综述和元分析的报告准则，PRISMA 标准由一组国际专家于 2009 年首次发布，并在 2020 年进行了更新以适应不断发展的研究方法和技术，其专家团队由国际系统综述和元分析方法学家、制订报告规范专家和在系统综述中富有经验的作者和编辑组成。PRISMA 标准包含 1 张流程图（见图 8-1）和一份 27 项的清单（见表 8-1），流程图提供了一个直观的框架，展示了文献筛选的过程，而清单则涵盖了数据提取、偏倚评估、结果汇总等关键步骤。同时，PRISMA 标准还有几个扩展版本可用于促进不同类型研究的报告。PRISMA 标准的核心目标是确保系统综述和元分析的报告能够充分透明和详细，避免选择性报告和偏倚，通过遵循 PRISMA 标准的建议，研究者可以显著提升其研究报告的质量，使读者能够更好地理解、重复和验证他们的工作。总体而言，PRISMA 标准提供了一个系统且全面的框架，不仅提高了单个研究的可信度，也有助于整个研究领域的进步和发展。表 8-2 为 PRISMA 标准摘要清单。

### 8.1.2 MARS 标准

PRISMA 主要由医学领域研究者和统计学家提出，而在社会科学领域，美国心理学会（APA）也制定了一套用于元分析结果呈现的准则——MARS 标准（meta-analysis reporting standards）（表 8-3），旨在确保元分析结果的透明性和完整性。MARS 标准包括一系列具体的指导方针，涵盖了元分析的各个方面，如研究的背景和目的、文献检索和选择过程、数据提取和分析方法、结果的报告和解释、偏倚和异质性的评估等。通过遵循 MARS 标准，研究者可以系统、清晰地报告元分析的全过程，使读者更容易理解和评估研究的结论和意义。

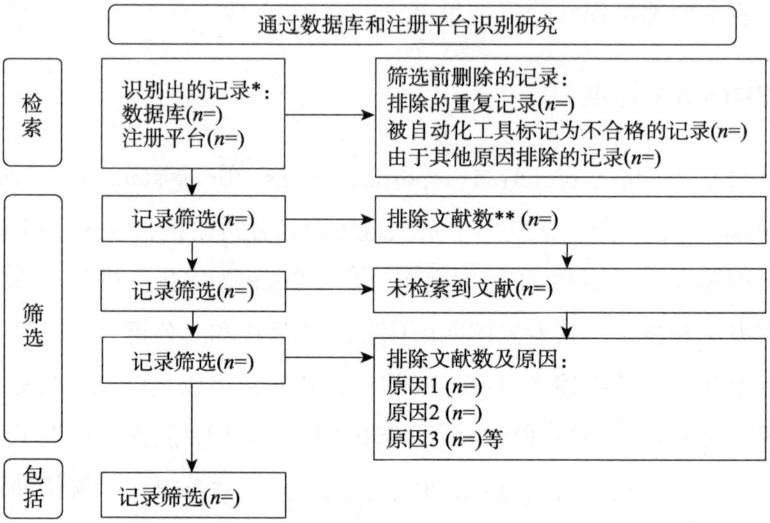


注：*如可行，请考虑报告从每个数据库或注册平台检索识别出的记录（而不是所有数据库/注册平台的总数）；**如果使用了自动化工具，请指出有多少纪录是由人工排除的，有多少是由自动化工具排除的。

图 8-1　PRISMA 标准流程图

**表 8-1　PRISMA 标准条目清单**

| 章节主题 | 条目 | 条 目 清 单 |
|---|---|---|
| **标题** | | |
| 标题 | 1 | 明确本研究为系统评价 |
| **摘要** | | |
| 摘要 | 2 | 详见 PRISMA 标准摘要清单（见表 8-2） |
| **背景** | | |
| 理论基础 | 3 | 基于现有研究描述该系统评价的理论基础 |
| 目的 | 4 | 明确陈述该系统评价的研究目的或待解决的问题 |

续表

| 章节主题 | 条目 | 条目清单 |
| --- | --- | --- |
| **方法** | | |
| 纳排标准 | 5 | 详细说明纳入和排除标准，以及在进行结果综述时纳入研究的分组情况 |
| 信息来源 | 6 | 详细说明获取文献的所有来源，包括数据库、注册平台、网站、机构、参考列表以及其他检索或咨询途径。明确说明每一项来源的检索或查询日期 |
| 检索策略 | 7 | 呈现所有数据库、注册平台和网站的完整检索策略，包括用到的过滤器和限制条件 |
| 研究选择 | 8 | 详细说明确定一项研究是否符合纳入标准的方法，包括每项检索记录由几个人进行筛选，是否为独立筛选。如使用自动化工具，应作详细说明 |
| 资料提取 | 9 | 详细说明数据提取的方法，包括由几个人提取数据，是否为独立提取，以及从纳入研究的作者获取或确认数据的过程。如使用自动化工具，应作详细说明 |
| 资料条目 | 10a | 列出并定义需要收集数据的所有结局指标。详细说明是否收集了每一项纳入研究中与各结局相关的所有信息（例如，所有效应量、随访时间点和分析结果）；若没有，须说明如何决定收集结果的具体方法 |
| | 10b | 列出并定义提取的其他所有变量（例如，参与者和干预措施的特征，资金来源）。须对任何缺失或不明信息所作假设进行描述 |
| 偏倚风险评价 | 11 | 详细说明评价纳入研究偏倚风险的方法，包括使用评价工具的细节，评价人数以及是否独立进行。如使用自动化工具，应作详细说明 |
| 效应指标 | 12 | 详细说明每个结局在结果综合或呈现中使用的效应指标，如风险比、平均差 |
| 方法综合 | 13a | 描述确定结果合并时纳入研究的过程。例如，列出每个研究的干预特征，并与原计划在各项数据合并时进行研究分组的情况（条目5）进行比较 |
| 方法综合 | 13b | 描述准备数据呈现或合并的方法，例如，缺失合并效应量的处理或数据转换 |
| | 13c | 描述对单个研究和综合结果使用的任何列表或可视化方法 |
| | 13d | 描述结果综合使用的所有方法并说明其合理性。若进行元分析，则需描述检验统计异质性及程度的模型或方法，以及所使用的程序包 |
| | 13e | 描述用于探索可能造成研究结果间异质性原因的方法（如亚组分析、meta回归） |
| 方法综合 | 13f | 描述用于评价综合结果稳定性的任何敏感性分析 |
| 报告偏倚评价 | 14 | 描述评价因结果综合中缺失结果造成偏倚风险的方法（由报告偏倚引起） |
| 可信度评价 | 15 | 描述评价某结局证据体的可信度（置信度）的方法 |
| **结果** | | |
| 研究选择 | 16a | 描述检索和研究筛选过程的结果，从检索记录数到纳入研究数，最好使用流程图呈现 |
| | 16b | 引用可能符合纳入标准但被排除的研究，并说明排除原因 |
| 研究特征 | 17 | 引用每个纳入研究并报告其研究特征 |

续表

| 章节主题 | 条目 | 条 目 清 单 |
|---|---|---|
| 研究偏倚风险 | 18 | 呈现每个纳入研究的偏倚风险评价结果 |
| 单个研究的结果 | 19 | 呈现单个研究的所有结果：每组的合并统计值（在适当的情况下），以及效果量及其精确性（例如，置信度/可信区间），最好使用结构化表格或森林图 |
| 结果综合 | 20a | 简要总结每项综合结果的特征及其纳入研究的偏倚风险 |
| | 20b | 呈现所有统计综合的结果。若进行了元分析，呈现每个合并估计值及其精确性（例如，置信度/可信区间）和统计学异质性结果。若存在组间比较，须描述效应量的方向 |
| | 20c | 呈现研究结果中所有可能导致异质性原因的调查结果 |
| | 20d | 呈现所有用于评价综合结果稳定性的敏感性分析结果 |
| 报告偏倚 | 21 | 呈现每项综合因缺失结果（由报告偏倚引起）造成的偏倚风险 |
| 证据可信度 | 22 | 针对每个结局，呈现证据体的可信度（置信度）评价的结果 |
| **讨论** | | |
| 讨论 | 23a | 在其他证据背景下对结果进行简要解释 |
| | 23b | 讨论纳入证据的任何局限性 |
| | 23c | 讨论系统评价过程中的任何局限性 |
| | 23d | 讨论结果对实践、政策和未来研究的影响 |
| **其他信息** | | |
| 注册与计划书 | 24a | 提供注册信息，包括注册名称和注册号，或声明未注册 |
| | 24b | 提供计划书获取地址，或声明未准备计划书 |
| | 24c | 描述或解释对注册或计划书中所提供信息的任何修改 |
| 支持 | 25 | 描述经济或非经济支持的来源，以及资助者或赞助商在评价中的作用 |
| 利益冲突 | 26 | 声明作者的任何利益冲突 |
| 数据、代码和其他材料的可用性 | 27 | 报告以下哪些内容可公开获取及相应途径：资料提取表模板；从纳入研究中提取的资料；用于所有分析的数据、分析编码和其他材料 |

**表 8-2 PRISMA 标准摘要清单**

| 章节主题 | 条目 | 条 目 清 单 |
|---|---|---|
| **标题** | | |
| 标题 | 1 | 明确本研究为系统评价 |
| **背景** | | |
| 目的 | 2 | 明确陈述研究目的或本系统评价要解决的问题 |
| **方法** | | |
| 纳排标准 | 3 | 明确说明系统评价的纳入和排除标准 |

续表

| 章节主题 | 条目 | 条 目 清 单 |
|---|---|---|
| 信息来源 | 4 | 明确说明获取文献的所有来源（如数据库、注册平台）和每一项检索的截止日期 |
| 偏倚风险 | 5 | 明确说明评价纳入研究偏倚风险的方法 |
| 结果综合 | 6 | 明确说明结果呈现和综合的方法 |
| **结果** | | |
| 纳入研究 | 7 | 报告纳入研究和总样本量，并总结纳入研究的相关特征 |
| 结果综合 | 8 | 呈现主要结局的结果，最好包括每项结局纳入的研究及总样本量。若进行元分析，需报告合并效应量和置信/可信区间；若存在组间比较，需报告效应量的方向（即结果支持干预组还是对照组） |
| **讨论** | | |
| 证据局限性 | 9 | 简要总结纳入证据的局限性（例如，研究的偏倚风险，不一致性和不精确性） |
| 结果阐释 | 10 | 对系统评价结果和主要意义作简要阐释 |
| **其他** | | |
| 资金来源 | 11 | 说明系统评价的主要资金来源 |
| 注册 | 12 | 报告系统评价的注册名称和注册号 |

**表 8-3 MARS 标准**

| 章节及主题 | 说 明 |
|---|---|
| 标题 | • 明确报告描述了一项研究，包含“元分析”这个术语（如果适用的话）<br>• 脚注标明项目资金来源 |
| 摘要 | • 研究的问题或关系<br>• 研究资格标准<br>• 一手研究参与者的类型<br>• 元分析方法（包括使用固定效应模型还是随机效应模型）<br>• 主要结果（包括重要的效应值及其重要的调节变量）<br>• 结论（包括局限性），理论、政策和/或实践意义 |
| 引言 | • 对研究的问题或关系做出清晰的陈述<br>• 历史背景<br>• 与所研究的问题或关系有关的理论、政策和实践问题<br>• 对于调节变量和中介变量选择和编码的论证<br>• 一手研究的类型及其优缺点<br>• 预测变量和结果变量的测量类型与计量特征<br>• 与研究问题或关系相关的总体<br>• 假设（如果有的话） |

续表

| 章节及主题 | | 说　　明 |
|---|---|---|
| 方法 | 样本纳入和排除标准 | • 自变量和因变量的测量特征<br>• 符合条件的参与者人群<br>• 符合条件的研究设计特征（例如，仅随机分配，最小样本量）<br>• 研究所需的时间段<br>• 地理或文化限制 |
| | 调节变量和中介变量分析 | • 被检验的调节变量或中介变量的编码类型及其定义 |
| | 检索方式 | • 检索的参考文献和文献数据库<br>• 预检索和检索信息<br>　✧ 用于输入数据库和注册表的关键词<br>　✧ 使用的搜索软件和版本<br>• 所需要的研究时间段（如果适用）<br>• 检索所有可获取研究的其他内容<br>　✧ 邮件列表<br>　✧ 与作者的联系（以及如何选择作者）<br>　✧ 检查报告的参考文献列表<br>• 使用英语以外的其他语言研究的处理方式<br>• 确定所检索研究是否符合元分析问题的流程<br>• 检索结果处理（如标题、摘要及全文）<br>　✧ 判别人员人数和资格<br>　✧ 达成一致的指标<br>　✧ 分歧是如何解决的<br>• 未发表研究的处理 |
| | 编码程序 | • 编码人员的数量和资质（例如，在该领域的专业水平，编码培训）<br>• 编码人员之间的信度或一致性<br>　✧ 每个报告是否由多个编码人员编码，如果是，如何解决分歧<br>• 研究质量评估<br>　✧ 如果有评判研究质量的方式，说明所应用的标准和程序<br>　✧ 如果研究设计特征被编码，说明有哪些特征<br>　✧ 如何处理缺失数据 |
| | 统计方法 | • 效应值的计量<br>　✧ 效应值计算公式<br>　✧ 相关系数修正为效应值<br>• 算术平均或加权平均效应值<br>• 效应值的置信区间（或标准误差）是如何计算的<br>• 效应值的可信区间是如何计算的 |

续表

| 章节及主题 | | 说明 |
|---|---|---|
| 方法 | 统计方法 | • 一个以上的效应值是如何处理的<br>• 是否使用固定效应模型或随机效应模型，并论证模型选择的合理性<br>• 如何评估或估计效应值的异质性，如果结构水平的关系是重点，测量误差的均值和方差<br>• 数据审查的测试和调整（如发表偏差、选择性报告）<br>• 统计异常值的检验<br>• 元分析的统计效力<br>• 统计分析的程序或软件包 |
| 结果 | | • 检查具有相关性的引用数量<br>• 研究综合所包含的引文列表<br>• 与元分析相关的文献中，根据标准入选或排除的引文数量<br>• 所排除的研究数量与例子（例如，效应值无法计算）<br>• 纳入元分析各研究的描述性信息表，包括效应值和样本量<br>• 评估研究质量（如果适用）<br>• 图表总结<br>✧ 数据库的总体特征（例如，不同研究设计的研究数量）<br>• 总体效应值的估计，包括不确定性的度量（例如，可信度和/或可信区间） |
| 结果 | | • 调节变量和中介变量的分析结果（研究子集分析）<br>✧ 对于每个调节变量分析的研究数量和全部样本量<br>✧ 用于调节和中介分析的变量之间相互关系的评估<br>• 误差评估，包括可能的数据筛选 |
| 讨论 | | • 概述主要研究发现<br>• 考虑对观察结果的其他解释<br>✧ 数据筛选的影响<br>• 研究结果的可推广性<br>✧ 相关总体<br>✧ 实验操控差异<br>✧ 因变量（结果变量）差异<br>✧ 研究设计等<br>• 整体局限性（包括对元分析所纳入研究的质量评估）<br>• 理论、政策或实践意义与解释<br>• 指引未来研究 |

### 8.1.3 中国学者提出的元分析结果呈现准则

除了前述的两项准则，中国学者同样也提出了与元分析结果呈现相关的准则。刘宇、陈树铨等以国际学界广泛使用的系统综述和元分析优先报告条目

（PRISMA 标准）以及开放式科学理念为基础，结合基于效应量的元分析报告特点，拟定《开放与可重复元分析的报告清单》（preferred reporting items for open and reproducible meta analysis，PRIOR-MA）（见表 8-4），并通过对近 5 年国内发表的 68 篇中文元分析的方法和结果部分进行回顾，根据结果建议元分析报告需要在以下方面进一步加强其开放性与透明性：文献搜索的时间及限制、研究筛选和数据收集过程的细节、文章筛选的流程图、效应量转换的细节、单个研究偏倚状况的评估等。进而拟定了一个较为全面的报告清单，为未来元分析研究提供了参考。

**表 8-4　PRIOR-MA 报告清单**

| 章节/主题 | 条目 | 清 单 条 目 |
|---|---|---|
| **标题** | | |
| 标题 | 1 | 陈述研究问题，并表明研究类型是系统综述、元分析或是二者兼具 |
| **摘要** | | |
| 结构化小结 | 2 | 提供结构化的小结，包括：<br>2.1 目标（研究的问题或假设）；<br>2.2 文献纳入标准（描述纳入研究的自变量、因变量与研究设计等特征）；<br>2.3 研究综合的方法（用于综合和比较不同研究使用的统计或统计以外的方法，如效应量的测量，平均法或进行异质性分析时使用的模型）；<br>2.4 结果（纳入研究与被试的数量及其特征，相关效应量与置信区间等）；<br>2.5 结论（描述文章中存在的优势与局限） |
| **引言** | | |
| 问题提出 | 3 | 陈述该研究领域相关的问题及其关系，包括：<br>3.1 历史背景，已有的系统综述与元分析持有的观点；<br>3.2 该研究可能涉及的理论、政策以及实际应用中的议题；<br>3.3 该研究可能涉及的相关人群和背景；<br>3.4 说明理由：a. 研究设计选择的理由；b. 对文献结果进行选择与编码的理由；c. 对潜在调节或中介的结果进行选择与编码的理由；<br>3.5 对测量方法和其他变量在心理测量特征上的描述 |
| 目的 | 4 | 简要介绍如何对提出的假设进行检验，包括：<br>4.1 被试特征（包括动物）的问题，自变量（实验操作，处理或干预）相关的问题，排除可能产生混淆的变量，因变量（相关的结果或标准）及其研究设计的其他特征；<br>4.2 在元分析中使用的整合方法（例如，效应量测量、平均数分析的方法、同质性分析中使用的模型） |

续表

| 章节/主题 | 条目 | 清单条目 |
|---|---|---|
| **方法** | | |
| 方案预注册 | 5 | 陈述是否提前对元分析研究方案进行预注册。如果预注册过，则需要提供相关信息（例如，公开预注册的网址） |
| 文献纳入标准 | 6 | 陈述文献纳入的标准：<br>6.1 变量，自变量（例如，实验的操作，处理、干预或预测变量的类型），因变量（例如，对临床研究中存在的潜在积极与消极效应进行综合后的结果）或相关研究中涉及的变量；<br>6.2 研究设计的标准（例如，样本抽样的方法或实验处理的方式）；<br>6.3 针对同一研究或同一样本存在多次报告或使用同一样本进行多次测量的情况，不仅需要陈述纳入标准的研究特征（例如，自变量、因变量和研究设计等），同时需要陈述报告特征（检索时间、语种、发表日期和发表状态等），以确定哪个研究需要进行报告；<br>6.4 研究纳入中存在的限制（例如，研究的年代、语言、地区或进行报告的方式上存在可能因此产生偏倚的困难）；<br>6.5 文献纳入标准的变化。预注册时提交的文献纳入标准是否在研究开始后发生改变，或者研究过程中文献纳入标准是否发生改变，如增加或减少纳入研究的变量，作者需要报告发生了什么改变，以及这些改变是什么时间发生的，原因是什么；<br>6.6 如何处理文献中缺失信息的问题，包括与纳入标准相关信息的缺乏（例如，缺乏关于研究设计的信息）及与数据分析相关信息的缺失（例如，没有报告关于结果的量化数据） |
| 信息来源 | 7 | 描述搜索得到的所有信息来源（例如，包括数据库中获取的文献信息，联系作者后获取的额外信息）和最后一次搜索日期 |
| 搜索过程 | 8 | 至少完整呈现一个主要使用的数据库在线数据搜索策略，包括限定的范围，搜索时使用的关键词、搜索代码等，以确保搜索的可重复性 |
| 研究筛选 | 9 | 9.1 每一步筛选文献的决策方式（例如，阅读题目、摘要或全文）；<br>9.2 筛选过程中执行者的胜任力与人数。如果是一位执行者，如何评估提取数据过程的信度问题；如果有多位执行者，如何处理多人进行筛选可能存在的不一致问题 |
| 数据收集过程 | 10 | 描述从报告中提取数据的方法，包括：<br>10.1 作为摘录数据依据的变量及其种类；<br>10.2 数据提取过程中执行者的胜任力与人数。如果是一位执行者，如何评估提取数据过程的信度问题；如果有多位执行者，如何处理多人提取可能存在的不一致问题 |
| 数据条目 | 11 | 列出并定义纳入文献中所有与元分析相关的信息（例如，文献的作者、发表年份、被试信息、研究设计或控制组信息等） |
| 单个研究偏倚 | 12 | 描述如何评估纳入的研究本身可能存在的偏倚（说明这种评估是在研究方法过程层面还是结果层面，还是二者都有），以及这种偏倚如何在结果综合中进行处理 |

续表

| 章节/主题 | 条目 | 清 单 条 目 |
|---|---|---|
| 描述性统计指标 | 13 | 描述使用的效应量指标（比如，相关系数、Cohen's *d*），包括用来计算单个研究效应量的公式。如果同一研究存在多个效应量可能引发的非独立性问题（例如，同一研究中存在多个实验处理、多个控制组、多个相关系数或多个指标量等产生的非独立效应量），陈述处理的方法 |
| 结果综合 | 14 | 描述进行跨研究效应量综合和对不同研究的效应进行异质性评估的方法，如固定效应模型或随机效应模型的稳健方差估计（robust variance estimation），具体包括：<br>14.1 选取某一综合方法的原因；<br>14.2 对研究结果进行加权的方法；<br>14.3 估计单个研究与总体结果变异的方法（如置信区间）；<br>14.4 描述所有的转换/校正（例如，小样本或非等组样本数据）、调整（例如，聚合、数据缺失，或建构不同水平间的关系）以及对这些进行的数据验证；<br>14.5 如果进行了贝叶斯分析，报告先验分布的选择与模型拟合的评估<br>注：如采用更加复杂或者新颖的方法，可以进行适当地调整 |
| 跨研究偏倚 | 15 | 评估所有可能导致跨研究证据累积过程中产生偏倚的可能性（例如，发表偏差，选择性报告） |
| 额外分析 | 16 | 如果进行了额外分析，需要描述使用的方法（例如，亚组分析，敏感性分析，元回归分析），指出哪些是预先计划的 |
| 数据可获得性 | 17 | 元分析中使用的数据（即从文献中提取的数据条目）是否公开。如将元分析的原始数据存放在一个公开并可长期存放的在线数据库中，方便其他研究者进行复现及在此数据基础上进行累积研究 |
| 分析过程可获得性 | 18 | 元分析中使用的软件名称及版本号。元分析的代码是否公开，如果公开，在哪里可以获得（例如，与数据存在同一在线数据库），方便其他研究者对分析过程进行重复 |
| **结果** | | |
| 研究筛选 | 19 | 给出筛选后得到的研究数量，给出每一步排除的原因，建议用流程图呈现 |
| 研究特征 | 20 | 陈述纳入研究的特征，每一个纳入的研究变量原则上包括：<br>20.1 自变量、因变量与主要调节变量的特征；<br>20.2 重要的被试特征（年龄，性别，受教育程度等）；<br>20.3 重要的情境变量（例如，环境，日期）；<br>20.4 研究设计（例如，样本抽样的方法或实验处理的方式）<br>20.5 用什么方式或在哪里可以获得该研究的全部数据特征（例如，与作者联系，在补充材料中或预注册网站中） |
| 单个研究偏倚 | 21 | 尽可能提供每个研究存在偏倚风险的数据，以及质量评估报告（见条目 12） |
| 单个研究的结果 | 22 | 呈现每一个研究综合后的结果（包括阳性与阴性结果），在合适的情况下，推荐使用图表信息进行呈现（例如，森林图） |

续表

| 章节/主题 | 条目 | 清 单 条 目 |
|---|---|---|
| 结果综合 | 23 | 报告每个研究整合的结果（例如，效应量大小，置信区间与异质性程度） |
| 跨研究偏倚风险 | 24 | 描述跨研究偏倚风险，包括：<br>24.1 陈述是否是未出版的研究与未报告的数据；是否仅将报告的数据进行整合，如果是，陈述其合理性；<br>24.2 是否存在选择性报告；<br>24.3 评估发表偏差的影响大小（例如，漏斗图、剪补法等） |
| 额外分析 | 25 | 如果做了额外分析，给出结果［例如，亚组分析，敏感性分析，元回归分析（见条目 16）］ |
| **讨论** | | |
| 证据总结 | 26 | 陈述主要发现，包括：<br>26.1 研究的主要结果，包括元分析的结果；<br>26.2 研究证据的总体质量；<br>26.3 结果存在的其他解释［例如，混淆变量，统计检验力］；<br>26.4 与先前研究进行整合结果的类似和不同之处 |
| 局限性 | 27 | 研究中存在的局限（例如，不一致、不准确与偏倚风险） |
| 研究推广性与意义 | 28 | 对结论的推广性（外部效度）进行描述，并指出对未来研究的意义 |
| **作者贡献与致谢** | | |
| 作者贡献 | 29 | 详细说明各个作者在元分析中的贡献 |
| 致谢 | 30 | 提供帮助的个人、机构以及资助来源，并列出可能存在的利益冲突 |

### 8.1.4　元分析结果呈现准则总结

目前，PRISMA 标准是元分析领域最权威、应用最广泛的汇报准则。根据刘宇等人的研究，自 2009 年发表以来，截至 2020 年，PRISMA 的两篇介绍性文章在谷歌学术上的引用量分别为 26198 次和 66667 次。PRISMA 系列形成了相对完备的规范体系，是比较成熟的元分析准则。美国心理学会的 MARS 标准其影响与被引用度都低于 PRISMA 标准，自 2008 年推出以来，MARS 标准与更新版本在谷歌学术上仅被引用 170 次与 150 次。研究者在呈现元分析研究结果时，可以 PRISMA 标准为主要依据，以 MARS 标准、中国学者提出的 PRIORMA 作为有益补充，与这些标准或准则中所列的要素清单进行比对、对元分析结果进行汇报呈现。本书对这几个准则进行了归纳整合（见表 8-5），方便读者在呈现元分析结果时进行查阅。

表 8-5　元分析结果呈现准则总结

| 主题 | 条目 | 条 目 清 单 |
|---|---|---|
| **标题** | | |
| 标题 | 1 | 1.1 研究类型； |
| 标题 | | 1.2 研究问题；<br>1.3 脚注标明项目资金来源 |
| **摘要** | | |
| 摘要 | 2 | 2.1 研究问题或假设；<br>2.2 文献纳入标准；<br>2.3 一手研究参与者的类型；<br>2.4 元分析方法；<br>2.5 主要结果；<br>2.6 简要结论 |
| **引言** | | |
| 研究问题 | 3 | 3.1 历史背景，已有元分析持有的观点；<br>3.2 该研究可能涉及的理论、政策以及实际应用中的议题；<br>3.3 该研究可能涉及的相关人群和背景；<br>3.4 一手研究的类型及其优缺点；<br>3.5 对调节变量和中介变量选择和编码的论证；<br>3.6 预测变量和结果变量的测量类型与计量特征；<br>3.7 对测量方法和其他变量在心理测量特征上的描述 |
| 研究目的 | 4 | 4.1 明确陈述该元分析的研究目的或待解决的问题；<br>4.2 简要介绍如何对提出的问题进行解决 |
| **方法** | | |
| 方案预注册 | 5 | 陈述是否提前对元分析研究方案进行预注册并提供相关信息 |
| 纳排标准 | 6 | 6.1 自变量和因变量的测量特征；<br>6.2 符合条件的研究设计特征；<br>6.3 研究所需的时间段；<br>6.4 多次报告或多次测量的情况；<br>6.5 文献纳入标准的变化；<br>6.6 缺失信息的处理 |
| 信息来源 | 7 | 获取文献的所有来源，包括所有数据库、注册平台、网站、机构、参考列表以及其他检索或咨询途径，明确说明每一项来源的检索或查询日期 |

续表

| 主题 | 条目 | 条 目 清 单 |
| --- | --- | --- |
| 检索策略 | 8 | 呈现所有数据库、注册平台和网站的完整检索策略，包括用到的过滤器和限制条件 |
| 研究选择 | 9 | 详细说明确定一项研究是否符合纳入标准的方法，包括每项检索记录由几人进行筛选，是否独立筛选。如使用自动化工具，应作详细说明 |
| 资料提取 | 10 | 详细说明数据提取的方法，包括由几个人提取数据，是否独立提取，以及从纳入研究的作者获取或确认数据的过程。如使用自动化工具，应作详细说明 |
| 资料条目 | 11 | 11.1 列出并定义需要收集数据的所有结局指标。详细说明是否收集了每一项纳入研究中与各结局相关的所有信息；若没有，需说明如何决定收集结果的具体方法；<br>11.2 列出并定义提取的其他所有变量（包括中介变量、调节变量）。须对任何缺失或不明信息所作假设进行描述 |
| 偏倚风险评价 | 12 | 详细说明评价纳入研究偏倚风险的方法，包括使用评价工具的细节，评价人数以及是否独立进行。如使用自动化工具，应作详细说明 |
| 描述性统计指标 | 13 | 描述使用的效应量指标，如果同一研究存在多个效应量，可能引发非独立性问题，则需陈述处理方法 |
| 方法综合 | 14 | 14.1 描述确定结果合并时纳入研究的过程；<br>14.2 描述准备数据呈现或合并的方法，如缺失合并效应量的处理或数据转换；<br>14.3 描述对单个研究和综合结果使用的任何列表或可视化方法；<br>14.4 描述结果综合使用的所有方法并说明其合理性。若进行元分析，则需描述检验统计异质性及程度的模型或方法，以及所使用程序包；<br>14.5 描述用于探索可能造成研究结果间异质性原因的方法（如亚组分析、Meta 回归）；<br>14.6 描述用于评价综合结果稳定性的任何敏感性分析 |
| 报告偏倚评价 | 15 | 描述评价因结果综合中缺失结果造成偏倚风险的方法（由报告偏倚引起） |
| 可信度评价 | 16 | 描述评价某结局证据体的置信度的方法 |
| 额外分析 | 17 | 如果进行了额外分析，需要描述使用的方法，并指出哪些是预先计划的 |
| 数据可获得性 | 18 | 元分析中使用的数据是否公开。如将元分析的原始数据存放在一个公开并可长期存放的在线数据库中，则可方便其他研究者进行复现及在此数据基础上进行累积研究 |
| 分析过程可获得性 | 19 | 元分析中使用的软件名称及版本号。元分析的代码是否公开，如果公开，可以在哪里获得，方便其他研究者对分析过程进行重复 |
| **结果** | | |
| 研究选择 | 20 | 20.1 描述检索和研究筛选过程的结果，从检索记录数到纳入研究数，最好使用流程图呈现；<br>20.2 引用可能符合纳入标准但被排除的研究，并说明排除原因 |

续表

| 主题 | 条目 | 条 目 清 单 |
|---|---|---|
| 研究特征 | 21 | 21.1 自变量、因变量与主要调节变量的特征；<br>21.2 重要的被试特征（年龄、性别、受教育程度等）；<br>21.3 重要的情境变量（例如，环境、日期）；<br>21.4 研究设计（例如，样本抽样的方法或实验处理的方式）；<br>21.5 用什么方式或在哪里可以获得该研究的全部数据特征（例如，与作者联系、在补充材料中或预注册网站中） |
| 研究偏倚风险 | 22 | 呈现每个纳入研究的偏倚风险评价结果 |
| 单个研究的结果 | 23 | 呈现单个研究的所有结果：每组的合并统计值（在适当的情况下），以及效果量及其精确性（例如，可信度/可信区间），最好使用结构化表格或森林图 |
| 结果综合 | 24 | 24.1 简要总结每项综合结果的特征及其纳入研究的偏倚风险；<br>24.2 呈现所有统计综合的结果。若进行了元分析，呈现每个合并估计值及其精确性（如可信度/可信区间）和统计学异质性结果。若存在组间比较，请描述效应量的方向；<br>24.3 呈现研究结果中所有可能导致异质性原因的调查结果；<br>24.4 呈现所有用于评价综合结果稳定性的敏感性分析结果 |
| 报告偏倚 | 25 | 25.1 陈述是不是未出版的研究与未报告的数据；是否仅将报告的数据进行整合，如果是，陈述其合理性；<br>25.2 是否存在选择性报告；<br>25.3 评估发表偏差的影响大小（如漏斗图、剪补法等） |
| 证据可信度 | 26 | 针对每个结局，呈现证据体的可信度评价的结果 |
| 额外分析 | 27 | 如果做了额外分析，给出结果 |
| **讨论** | | |
| 证据总结 | 28 | 28.1 研究的主要结果，包括元分析的结果；<br>28.2 研究证据的总体质量；<br>28.3 结果存在的其他解释（例如，混淆变量，统计检验力）；<br>28.4 与先前研究进行整合的结果类似和不同之处 |
| 局限性 | 29 | 研究中存在的局限（例如，不一致、不准确与偏倚风险） |
| 研究推广性与意义 | 30 | 对结论的推广性（外部效度）进行描述，并指出对未来研究的意义 |
| **作者贡献与致谢** | | |
| 作者贡献 | 31 | 详细说明各个作者在元分析中的贡献 |
| 致谢 | 32 | 提供帮助的个人、机构以及资助来源，并列出可能存在的利益冲突 |

## 8.2 元分析论文具体汇报要点

元分析论文的结构与一般的实证研究论文结构类似，但由于元分析方法的特殊性，其汇报与一般的实证研究论文汇报存在些许差异。本节将重点介绍元分析研究在论文每一个部分（标题、摘要、引言、理论与假设、方法、结果、讨论、参考文献与附录）的汇报要点。

### 8.2.1 标题

元分析论文的标题应简洁明了，并准确反映研究的内容和范围。对于一篇元分析论文来说，标题是读者对研究的第一印象，因此需要精心设计，以便读者在检索数据库时能够有效检索到该研究，如果标题缺失了某些关键信息，则读者在检索数据库时文章不会被检索到。建议元分析论文的标题包含以下要素：①研究类型，明确指出是元分析，包含“元分析”“荟萃分析”“meta-analysis”等关键词；②主要主题，突出研究的核心主题或变量，清晰传达研究的重点；③研究对象特征，说明研究对象或样本特征，如特定的年龄段、人群或地域；④研究范围，可以考虑指出元分析综合了多少项过往研究或过往多少年的研究；⑤结果概述，可以简要指出主要发现，但这不是必需的，视具体情况而定。

示例一：Risk Factors for Suicidal Thoughts and Behaviors：A Meta-Analysis of 50 Years of Research.

示例二：项目式学习的学习作用发生了吗?——基于46项实验与准实验研究的元分析。

示例三：中国情境下高绩效工作系统与企业绩效关系的元分析。

示例四：儿童攻击和同伴关系的相关：20年研究的元分析。

### 8.2.2 摘要

元分析论文的摘要与一手研究的摘要基本相同，需要把握的原则是简明扼要、准确清晰与逻辑严密。元分析论文的摘要需要用精练的语言去概括研究背景、方法、结果和主要结论，摘要是读者快速了解研究内容的关键部分，因此研究者需要在摘要部分展示最重要、最核心的内容：①研究背景，简述研究背景和目的，说明为什么进行这项研究；②研究方法，简要描述检索策略、选择标准和分析方法；③研究结果，提供主要的统计分析结果；④研究结论，总结主要发现及其意义、可能应用的实践以及对未来研究的建议等内容。

示例：中国情境下高绩效工作系统与企业绩效关系的元分析。用传统的定性综述方法对中国情境下高绩效工作系统与企业绩效的关系强度的研究，至今尚未得出一致结论。本文运用定量文献综述研究最重要的统计学方法——元分析，对中国情境下高绩效工作系统与企业绩效关系的 53 篇实证研究文献进行了合并，共获得 8788 个独立样本、316 个效应值，总样本量达 58946 个。元分析结果发现，①高绩效工作系统对企业绩效存在显著正向影响（$r_Z = 0.419$，$p<0.001$），并且它对非财务类绩效（创新绩效、人力资源管理绩效、组织运作绩效）的影响大于对财务类绩效（财务会计绩效、资本市场绩效）的影响；②高绩效工作系统与企业绩效的相关性在中国情境下比在西方情境下更大，并且高绩效工作系统对企业绩效影响程度大于单个实践对企业绩效影响程度的简单加总；③信息分享与沟通、绩效考核与管理两项高绩效工作实践在中国情境下与企业绩效高度相关，而在西方文化中与企业绩效的相关性并不显著，之前国内的定性综述结论中也认为信息分享与沟通对企业绩效的贡献不大。本文的研究结果可让中国情境下高绩效工作系统与企业绩效的关系研究得出定论，并为未来的高绩效工作系统相关研究指明方向。

### 8.2.3　引言

引言部分应详细介绍研究背景、问题陈述、目的和重要性。它为读者直观地提供了研究的理论基础和实际意义，是整篇文章的导向部分。一个好的引言不仅能吸引读者的兴趣，还能为研究的必要性和重要性提供有力的论据。具体应该包括①研究背景。这个部分包括现有知识概括和研究的紧迫性阐述，可以总结现有文献中关于研究主题的主要发现和共识，概述过去的研究成果、已有的理论框架以及目前被广泛接受的观点等，通过对现有研究的概括总结引出当前研究中存在的不足或争议之处，从而说明对该主题的研究是迫切且重要的。②问题的陈述。这个部分需要明确指出具体的研究问题和现有研究的不足，解释为什么需要进行这项研究。首先，需要清晰地描述研究所要解决的具体问题，这部分应简明扼要，使读者能够迅速理解研究的核心；其次，详细指出当前文献中存在的空白、不一致或争议之处。例如，可能是由于样本量小、方法的缺陷、研究结果不一致等原因，导致现有研究未能提供明确的答案；最后，说明进行研究的必要性，解释上述不足为什么需要通过本研究来解决，强调研究的独特性和创新性。③研究目的。该部分应清晰说明本研究的目的，具体化研究问题，通常的表述是“通过元分析来综合和评价现有研究成果，以期得到×××的结论/帮助×××”。

示例：有学历的员工成为企业员工主体的现实和企业经营环境的高度不确定性增加了企业人力资源管理的难度，如何对企业人力资源实现有效管理，构建能为企业创造持续竞争优势的人力资源管理系统，最终实现企业战略目标，已成为企业管理最核心的问题。学者们将这种能为企业创造持续竞争力的人力资源管理系统称为高绩效工作系统及实践（统称为高绩效工作系统，英文全称为 high performance work system，简称 HPWS），或高参与工作系统、高承诺工作系统、高绩效工作实践、最佳人力资源实践、创新人力资源实践等；高绩效工作系统及实践是为实现战略目标而采取的一系列有计划的人力资源管理活动，它已成为国内外战略人力资源管理领域一项重要研究课题。人力资源管理具有很强的制度背景，西方情境下的 HPWS 的研究几乎都是以美国大中型企业为样本，这些企业处在相对单纯、成熟的市场经济中，它们已从严格的工业化管理模式向高承诺、高参与的管理模式转变，诸多研究表明，HPWS 对提高企业绩效十分有利。中国企业处在一个经济社会转型期，其管理情境在很多方面与西方国家均存在较大差异。中国情境下的 HPWS 方面实证研究的出现比西方大约晚了 10 年，近年我国大量涌现的关于 HPWS 的实证研究中，部分研究发现中国企业引用的西方 HPWS 对绩效具有显著促进作用；也有很多严谨的研究表明这种影响是不完全成立的，或者是有条件的。西方战略人力资源管理领域的研究重点已经转向 HPWS 与企业绩效的作用机制上，中国企业还在试图建立与工业化相适应的人力资源管理模式，中国情境下 HPWS 与企业绩效的相关性研究还未得出定论；由于这些研究的样本特性、研究设计、HPWS 和企业绩效的测量方法的不同，都可能导致研究结论的不同，采用传统的定性综述方法尚难以估计中国情境下 HPWS 与企业绩效的关系强度。

此时，采用元分析方法合并现有关于 HPWS 与企业绩效关系的实证研究结果，不仅能克服传统综述方法的不足，还能最大限度地减少各种偏差，确保结论的科学性、客观性和真实性，进而得出更具普适性的结论。随着中国情境下的 HPWS 研究的不断推进，该领域最近几年又积累了不少实证研究成果，它们为进一步探讨 HPWS 与企业绩效关系问题提供了素材。因此，本文将采用元分析方法，从定量文献综述的角度对以中国企业为研究对象的 53 篇实证文献进行总结与评述，以期找到与中国管理情境相匹配的对中国企业最有效的 HPWS，帮助中国企业避免生搬硬套西方人力资源管理理论和实践。

### 8.2.4 理论与假设

理论与假设部分在元分析中扮演着至关重要的角色，通过建立一个坚实的理论框架和明确的研究假设，元分析可以更有效地整合和解释不同的研究结果，为后续的实证研究提供重要参考。主要包括以下部分。

1. 理论框架

首先，需要对相关领域的核心理论进行概述，展示这些理论的发展历程和在当前研究中的适用性。其次，详细说明该研究领域内的主要理论，并探讨其对研究主题的解释能力。最后，探讨不同理论之间的联系以及如何相互支持或补充，并讨论这些理论在不同研究背景下的适用性和局限性，特别是在元分析中，识别多个理论的共同点和差异点有助于整合研究成果。

示例：战略人力资源管理研究的主要理论基础包括资源基础理论、角色行为理论、社会交换理论、一般系统理论等。基于这些理论，当前中国情境下的 HPWS 研究主要探讨了以下三方面的问题：①HPWS 是什么？包括它主要由哪些内容构成，西方情境下的 HPWS 在中国的适用性、如何对本土化的 HPWS 进行测量等问题；②HPWS 与企业绩效的关系，包括二者的相关性、HPWS 的普适性与权变性等问题；③HPWS 与企业绩效的作用机理，包括控制变量、调节变量、中介变量的选取等问题。由于本文主要与①、②相关，因此下面仅对这两个问题进行综述。

2. 研究假设

基于理论框架，需要提出明确的研究假设，这些假设应能具体化理论模型中的预期关系。每个假设都需要清楚地陈述其逻辑推理，包括理论依据和相关文献支持，并视情况说明其在研究中的重要性。

示例：社会交换理论认为，当企业采用 HPWS 管理模式时，员工从这种交换关系中获得了更多利益与回报，包括更高的薪资、更好的工作环境与人际关系、更多的培训机会等；而这种人力资源管理模式所隐含的交换关系会影响员工的态度和行为，员工会对企业产生情感承诺，会以更加努力的工作来回报企业，进而提高企业绩效。资源基础理论与行为理论认为，实施 HPWS 可以诱导或控制员工扮演企业所期望的有价值的、稀缺的、竞争对手难以模仿的员工行为，这些行为能为使用 HPWS 的企业绩效带来显著增长。在 HPWS 与企业绩效关系的实证文献中，尽管不同研究使用的测量工具与企业绩效衡量标准存在差异，但由于元分析研究的主要目的是了解 HPWS 对企业绩效变量的解释程度，无疑从整体上探讨 HPWS 对企业绩效的关系强度具有重要意义。因此，在现有多样化实证研究成果的基础上，本文提出研究假设 H1。

H1：中国情境下的 HPWS 对企业绩效存在显著正向影响。

### 8.2.5 方法

方法部分旨在说明元分析是如何进行的。元分析的方法部分与传统一手数据研究有很大不同，本小节将详细介绍如何在论文中介绍方法部分。

1. 文献检索与文献筛选

几乎所有的实证论文都会在方法部分介绍样本信息，对元分析来说，过往的文献就是其样本，样本信息包含与文献检索或与文献筛选相关的内容。在 PRISMA 标准中，条目 5 是介绍研究的纳入和排除标准，条目 6 是介绍研究的注册信息和检索的数据库信息，而条目 7 则是介绍检索数据库和注册平台的检索策略。这 3 个条目一般位于文章方法部分的开头第一段，可以通过结构化的形式对相应的条目要点进行一一呈现。具体而言，包括以下几个方面。

（1）文献检索周期。文献检索周期应明确说明从开始检索到结束检索的时间范围。这一信息至关重要，因为它直接影响纳入文献的时效性和全面性。明确检索周期可以帮助读者理解研究覆盖的时间跨度以及所纳入文献的最新性。检索周期应包含检索开始和检索结束的具体日期，并解释选择这一周期的理由。例如，从该领域第一篇文献的发表时间开始检索、从上一个元分析所检索的文献截止时间开始检索等。

示例一：为增加元分析结果的实效性和政策咨询的可参考性，本研究将检索时间段设为 2010 年 1 月 1 日—2020 年 12 月 31 日。

示例二：资料查找的范围包括从 1980 年迄今发表在杂志上和出版过的书

籍中的内容；因为只收录提供了相关结果的研究，因此实际被收录的研究从1981年开始。

（2）使用的数据库信息。详细列出所有使用的数据库，说明选择这些数据库的理由。例如，涵盖了最广泛的文献、有丰富的学位论文资源等。不同数据库可能覆盖的领域和文献范围不同，因此使用多个数据库可以提高文献检索的全面性和代表性。

示例：针对中文样本，在CNKI期刊及学位论文库、万方数据期刊及学位论文库、维普期刊资源整合服务平台和中国人民大学学位论文库中进行检索；对英文样本，在EBSCO-Academic Search Premier、ProQuest博硕士论文全文数据库、PsycINFO、Web of Science-SSCI和CALIS高校学位论文等英文数据库中检索。

（3）检索的策略。研究者首先需要介绍在文献检索中用到的中英文关键词，这些关键词往往有很多，涉及同一语义的关键词有多种不同表达。此外，研究者还需要交代有关补充文献的策略，如工作论文、会议论文及通过参考文献追溯到的论文等。

示例如下。

步骤1：本文系统全面地检索了国内外主要的电子数据库（包括CNKI、万方数据、维普、PsycINFO、Web of Science、ABI/INFORM Global、EBSCO、ScienceDirect、Wiley和Emerald等）截至2022年3月发表的研究。

对于人力资源管理使用了如下关键词：human resource management，HRM，HR practices，human resource work practice/system，high-success work practice/system，high-involvement work practice/system，high-commitment work practice/system。

对于新产品开发绩效使用了如下关键词：product innovation，new product，pioneering products，new product development，NPD，new product performance，new product success。

对于人力资本使用了如下关键词：human capital，education，schooling，

knowledge，competence。

步骤 2：为了减少发表偏差，本文使用相同的关键词从 AOM 论文集、工业与组织心理学会会议（society of industrial and organizational psychology conference）、SSRN、谷歌学术和 ProQuest 学位论文数据库（ProQuest Dissertations & Theses）进行搜索，以确定可能与研究主题相关的会议论文、工作论文和学位论文。

步骤 3：通过筛选现有的关于本文研究主题的相关综述性文献的参考文献列表，包括理论性评述和元分析文章，并利用谷歌学术和 Web of Science 追踪所有引用它们的研究，以避免遗漏任何相关的文献。

（4）纳入和排除标准。纳入和排除标准是文献筛选的核心部分，决定了最终纳入元分析的文献质量和相关性。具体的标准包括：文献类型（期刊文章、会议论文、学位论文或未正式发表的文献）；主题相关性（文献必须直接涉及研究的主要变量或核心主题）；研究类型（必须为实证研究并提供效应值）；是否在所关注的样本范围内；是否与其他样本有重复；等等。

示例：接着，对初次检索到的 260 篇文献按照以下标准进行筛选与剔除。

筛选标准为：①筛选以中国企业为样本的实证研究，剔除以政府组织、学校、公立医院等事业单位之类非企业性质的组织为研究对象的文献，剔除案例研究、综述性研究等非实证性文献；②题目、摘要和关键词符合本文研究主题，剔除单纯讨论 HPWS，或讨论 HPWS 与员工个体层面绩效关系的文献；③文献中有 HPWS 与企业绩效之间的相关系数、$p$ 值或 $t$ 值与样本量，或者有 $t$ 值、标准误或方差与相关系数，或者路径系数等元分析所需的数据；④剔除文中报告的两个变量所有构项的效应值个数不足 3 个的文献；⑤认真核实同一个研究分多阶段发表、重复发表或用同一样本发表不同文章的情况，并将其归为同一项研究。

（5）文献检索的结果。文献检索的结果部分应详细描述文献筛选过程和筛选结果，可以通过文字描述或者 PRISMA 标准流程图展示。具体步骤包括：第一步，记录从各个数据库中检索到的文献总数；第二步，逐步排除不符合纳入标准的文献，包括去除重复文献、通过标题和摘要筛选排除不相关文献、通过全文阅读进一步筛选文献。第三步，列出最终纳入元分析的文献数量，并简要说明这些文献的基本特征（图 8-2）。

示例一：

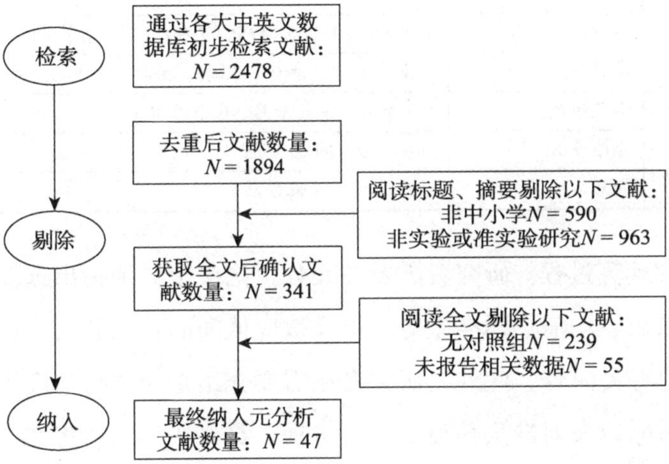


图 8-2　示例一流程图

示例二：经过筛选，本文共获得 53 篇相互独立的研究中国情境下的 HPWS 与企业绩效关系的可用于元分析的实证文献，文献纳入率 20%。其中英文 5 篇，中文 48 篇；期刊、会议论文之类被公开发表的文献 32 篇，硕士、博士学位论文之类未被公开发表的文献 21 篇。

2. 变量的编码

变量的编码是元分析中非常重要的步骤，确保所有纳入文献中的变量被一致地识别和处理。元分析论文的编码部分应该包括以下几方面的内容。

（1）编码过程。元分析论文通常需要在汇报编码者的有关情况、预编码和正式编码过程的基础上，详细阐明编码的内容，并编制文献编码表。

示例：编码内容主要包括 3 方面内容：一是文献的基本信息，包括作者姓名、发表年份；二是样本特征，如学段、学科领域；三是分层教学的要素，主要涉及干预时间、分组以及分层方式。文献编码表如表 8-6 所示。

表 8-6 文献编码表

| 编码内容 | 维度 | 标志和说明 |
|---|---|---|
| 基本信息 | 作者；发表年份 | 一篇文献中包含多项有效数据，则在对应作者名字后用 a、b、c 区分 |
| 样本特征 | 学段 | 小学（1~6 年级），初中（7~9 年级），高中（10~12 年级） |
| | 学科领域 | 英语、数学、物理、化学、生物、信息技术 |
| 分层教学的要素 | 干预时间 | 0~3 个月，3~6 个月，6 个月以上 |
| | 分组方式 | 同质分组；异质分组 |
| | 分层方式 | 隐性分层；显性分层 |

（2）关键计算过程。研究者需要在元分析论文中详细指出选取的效应值类型（如相关系数、均值、标准差等）以及效应值间的转化公式，详细内容可参考 3.3.5 节的有关内容。此外，研究者还需要介绍是否进行信度测量误差的修正、修正的策略以及对缺失信度的处理方法，详细内容可参考 3.3.2 节的有关内容。当研究中的某个变量存在多种测量方法时将出现多个相似的效应值，无法将它们作为独立的效应值纳入元分析，因此需要汇报同一研究不同效应值的合并策略。

示例一：由于纳入分析的文献其研究性质、研究指标各不相同，元分析需将收集到的统计量（多个独立研究的结果）合并（或汇总）成某个单一的效应值统计量，即用经过标准化形式合并的统计量反映多个独立研究的综合效应。本文以 HPWS 与企业绩效的相关系数（$r$）作为效应值统计量，并根据每项研究的样本量计算每个效应值的权重，以便让效应值更精确、可信；通常当把各个相关系数作为效应值统计量时，需要采用 Fisher's $Z$ 对相关系数进行转换，将转换后的相关系数（$r_Z$）作为效应值进行分析。

示例二：本研究纳入了 47 篇实证研究文献，对于同一篇文献中包含多项有效研究数据，每一组独立的研究数据都计算单独的效应量，共提取了 64 项研究数据，得到了 64 个效应量。由于纳入文献的数据所采取的评分标准以及单位不统一，所以 Standardized Mean Difference，SMD 作为效应量，来表征分层教学对学生学业表现的整体影响程度。效应量（SMD）是实验组均值与对照组均值的差值除以平均标准差，消除了“单位”的影响，使得不同量纲的均值差可以被合并，其计算公式为

$$\text{SMD} = \frac{\bar{X}_1 - \bar{X}_2}{\sqrt{\dfrac{(n_1-1)S_1^2 + (n_2-1)S_2^2}{(n_1+n_2-2)}}}$$

（3）编码一致性检验。元分析编码由多人完成，因此需要保证不同编码者间的一致性。研究者需要在元分析论文中报告一致性相关指标，详细内容可以参考 3.3.3 节的相关内容。

示例：为了保证编码的可靠性，由两位研究者独立地对纳入文献进行特征值编码，结果显示 Cohen’s kappa 系数值为 0.95，说明编码具有较高的一致性。

3. 模型的选择

模型的选择是元分析数据分析的基础，不同的模型会影响元分析的结果和结论。模型选择的过程包括以下几个方面，需要说明选择的类型和相应的原因：①选择的效应值合并策略；②选择何种数据分析软件；③选择随机效应模型还是固定效应模型。

示例：本文对编码数据的所有统计学处理工作均在 Comprehensive Meta Analysis（CMA）2.0（专业版）软件中完成。

……

同质性检验是以统计量 $Q$ 为基础，它服从自由度为 $k$–1 的卡方分布，$k$ 是效应值的数量，如果统计量 $Q$ 在统计上显著，意味着这些效应值是异质性分布，应该采用随机效应模型，因为随机效应模型可同时考虑研究间变异并估计效应分布的平均值，这可以防止低估小样本文的权重或高估大样本的权重，它能产生更大的置信区间，进而得到更为保守的结论；如果统计量 $Q$ 在统计上不显著，固定效应模型和随机效应模型的计算结果相似，但如果统计量 $Q$ 检验的统计量在临界值附近，应同时采用两种模型，并比较参数估计是否有差异，以使元分

析的结论更可靠；CMA2.0 可直接输出统计量 $Q$ 统计结果，直接得到固定效应模型和随机效应模型的分析结果。

……

无论采用何种方法计算得到的合并统计量，都需要用假设检验的方法检验多个独立研究的合并统计量是否具有统计学意义。本文以最常用的 $Z$ 值作为合并所纳入研究的假设检验统计量，看其是否达到显著水平。

4. 发表偏差

研究者在元分析论文中需要说明应用了何种评判发表偏差的方法、相关的统计指标及其含义。如第 4 章所述，可能包括漏斗图、Egger 线性回归检验法、Begg 和 Mazumdar 秩相关检验法或失安全系数。

示例：考虑到样本仅限于国际学术期刊文献，本研究使用漏斗图检验潜在的发表偏差。如图 8-3 所示，漏斗图的不对称性，即正效应多于负效应，表明潜在的发表偏差。漏斗图底部边界附近的效应量可能与下限估计相关。另外，漏斗图还显示大量效应值的标准误极小，这可能与大样本调查数据相关。

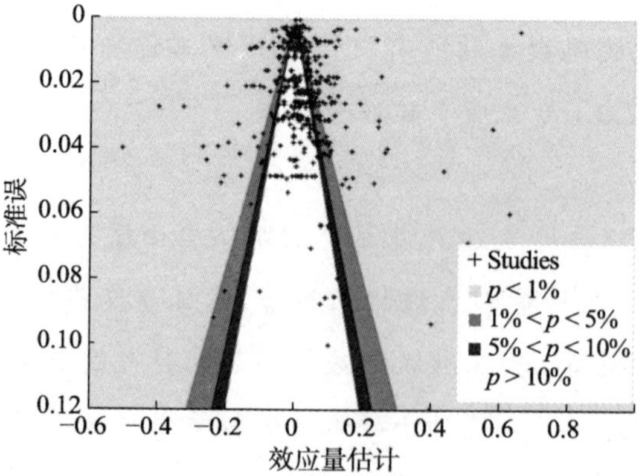


图 8-3 对称轮廓漏斗图

### 8.2.6 结果

1. 双变量关系元分析

常见的双变量关系元分析需要呈现描述性统计结果、效应值结果、异质性结果、发表偏差结果 4 个部分，各个部分的详细介绍可参照本书的对应章节，汇报要点如下。①描述性统计结果。主要包括核心变量的名称、效应值的数量和汇总的样本量。②效应值结果。需要呈现效应值的估计量、标准差、置信区间及显著性水平，同时需要汇报未经测量误差修正的相关系数 $r$ 及经过测量误差修正的真实相关系数 $\rho$，多数研究者在报告这些指标时采用的是真实相关系数的标准差（$SD_\rho$）、置信区间和显著性水平。心理学领域的元分析论文通常还会报告 80%可信区间或预测区间的结果。③异质性结果。通常需要报告统计量 $Q$ 和 $I^2$ 统计量。④发表偏差结果。部分元分析论文选择在方法部分直接汇报发表偏差结果。

示例：表 8-7 是效应值分布及同质性检验结果。统计量 $Q$ 显示各效应值是异质的（$Q = 1128.8054$，$p < 0.001$）；I-squared（$I^2$）的值为 95.3934，表明有 95.3934%的观察变异是由效应值的真实差异造成的，只有 4.6066%的观察变异是由随机误差导致的。$\tau^2$ 的值是 0.0261，这说明研究间变异有 2.61%可用于计算权重，当 $\tau^2 = 0$ 时，固定效应模型是随机效应模型的特殊形式。

**表 8-7 效应值分布及同质性检验结果**

| 模型 | 研究数 | 效应值和 95%的置信区间 | | | 双尾检验 | 异质性 | | | Tau-squared | | |
|---|---|---|---|---|---|---|---|---|---|---|---|
| | | 点估计 | 下限 | 上限 | Z 值 | Q 值 | df | $I^2$ | $\tau^2$ | SE | 方差 |
| 固定效应 | 53 | 0.31 | 0.301 | 0.319 | 66.299*** | 1128.8054*** | 52 | 95.3934 | 0.0261 | 0.011 | <0.001 |
| 随机效应 | 53 | 0.419 | 0.371 | 0.467 | 17.259*** | | | | | | |

2. 多变量关系元分析

多变量关系元分析主要包括调节效应元分析和中介效应元分析，各自汇报的要点如下。

（1）调节效应。如果是离散型调节变量元分析，研究者需要在前述双变量关系元分析汇报的指标的基础上，增加组间异质性检验统计指标及其显著性的汇报；如果是连续型调节变量元分析，研究者需要汇报元回归的系数及其显著性水平。详细的内容介绍可以参考第 6 章。

示例：如表 8-8 所示，分层教学在不同干预时间的实施效果分别为 0~3 个月的效应量为 0.248（$0.2 < SMD \leqslant 0.5$），根据 $p$ 值发现，3 个月以下分层教学不具有统计学意义；3~6 个月的效应量为 0.599（$0.5 < SMD \leqslant 0.8$），表示对学生的学业表现具有中等偏上的影响；大于 6 个月的效应量为 0.520（$0.5 < SMD \leqslant 0.8$），表示对学生的学业表现具有中等偏上的影响。由于资料搜集的有限性，大于 6 个月的样本较少，所以在本研究中与 3~6 个月一起讨论。可以发现，分层教学的效果在 3~6 个月的干预时间里效果最好，但分层教学时间达到 3 个月就能取得理想效果。进一步进行组间效应检验（$Q = 2.903$，$p = 0.234 > 0.05$），结果显示分层教学的效果不受干预时间的调节影响，即开展不同干预时间的分层教学其效果不存在显著的差异。

**表 8-8　不同干预时间的分层教学对学生学业表现的影响**

| 干预时间 | 样本量 | 效应量 | 双尾检验 | | 95%置信区间 | | 异质性检验/% | 组间效应 | |
|---|---|---|---|---|---|---|---|---|---|
| | | | $Z$ 值 | $p$ 值 | 下限 | 上限 | | $Q$ 值 | $p$ 值 |
| 0~3 个月 | 27 | 0.248 | 1.533 | 0.125 | −0.069 | 0.565 | 86.56 | 2.903 | 0.234 |
| 3~6 个月 | 36 | 0.599 | 7.721 | 0.000 | 0.447 | 0.751 | 79.78 | | |
| 大于 6 个月 | 1 | 0.520 | 2.618 | 0.009 | 0.131 | 0.909 | 0.00 | | |

（2）中介效应。研究者在中介效应元分析结果中，通常需要汇报效应值相关矩阵、路径系数图、拟合指标和路径系数，除此之外还有间接效应值及其蒙特卡罗置信区间，并根据显著性水平或置信区间是否包含 0 来判断中介效应是否成立。详细的内容介绍可以参考第 7 章。

示例：研究根据两阶段结构方程模型进行中介效应检验。第一阶段根据直接效应分析结果和提取的以往元分析中的效应值构建变量的相关系数矩阵，如表 8-9 所示。结构方程模型的样本量 $N=7063$。第二阶段将联合相关矩阵代入结构方程模型，将徒弟自我效能感、组织支持感作为中介变量进行模型拟合。研究分别拟合了部分中介和完全中介模型（见表 8-10），结果发现完全中介模型的拟合度优于部分中介模型，且二者差异显著，因此采用完全中介模型。

此外，为了比较两个中介变量的差异，本研究参照 Zhang 等的方法，在完全中介模型的基础上，对相关路径进行约束，结果如表 8-10 所示。与模型 1 相比，模型 3 拟合度较差，说明两个中介变量到工作满意度的路径不等。进一步在模型 3 的基础上拟合模型 4，发现模型 4 拟合度也较差，说明两个中介变量的效应存在差异。类似地，将模型 5、模型 6 与模型 1 进行对比，均发现它们的拟合度较差，也证明中介效应存在差异。

路径系数如图 8-4 所示。进一步采用 Sobel 法进行中介效应检验，并用蒙特卡罗模拟法重复抽样 20000 次，估计其 95%的置信区间，结果如表 8-11 所示。徒弟自我效能感对徒弟工作满意度、组织承诺的个别中介效应分别为 0.12、0.13；徒弟组织支持感对徒弟工作满意度、组织承诺的个别中介效应分别为 0.34、0.36（95%CI 不包含 0）。由此可见，徒弟自我效能感、组织支持感均能中介师徒关系对徒弟工作满意度、组织承诺的正面影响，假设 1、2 得到验证。此外，在师徒关系对徒弟工作满意度、组织承诺的影响中，徒弟组织支持感和徒弟自我效能感中介效应差异的效应值分别为 0.22、0.23（95%CI 不包含 0），均达到显著程度。因此，假设 3 得到验证，徒弟组织支持感的中介效应大于徒弟自我效能感。

**表 8-9 变量的相关系数矩阵**

| 变　量 | 1 | 2 | 3 | 4 |
|---|---|---|---|---|
| 1 师徒关系 | | | | |
| 2 自我效能感（$K, N$） | $0.37^{a}$（13，3793） | | | |
| 3 组织支持感（$K, N$） | $0.57^{a}$（12，3698） | $0.11^{b}$（10，3594） | | |

续表

| 变　量 | 1 | 2 | 3 | 4 |
|---|---|---|---|---|
| 4 工作满意度（$K$，$N$） | 0.47[a]（34，9512） | 0.38[a]（22，11198） | 0.65[b]（154，64303） | |
| 5 组织承诺（$K$，$N$） | 0.47[a]（31，7234） | 0.42[a]（14，4991） | 0.69[b]（237，79335） | 0.65[c]（69，23656） |

注：a 为本次元分析获得的效应值；b 为从 Kurtessis 等的元分析研究中提取的相关系数；c 为从 Meyer 等的元分析研究中提取的相关系数。

**表 8-10　各代替模型拟合结果**

| 模　　型 | $X^2$ | $df$ | $\Delta\chi^2(\Delta df)/p$ | CFI | RMSEA | SRMR |
|---|---|---|---|---|---|---|
| 模型 1：完全中介模型 | 155.31 | 3 | — | 0.99 | 0.09 | 0.04 |
| 模型 2：部分中介模型 | 124.50 | 1 | 30.81(2)/<0.001 | 0.99 | 0.13 | 0.04 |
| 模型 3：约束 $Me_{12}$-JS 路径系数相等 | 732.27 | 4 | 576.96(1)/<0.001 | 0.95 | 0.16 | 0.07 |
| 模型 4：约束 $Me_{12}$-JS 路径系数相等同时约束 ME-$Me_{12}$ 路径系数相等 | 914.74 | 5 | 759.43(2)/<0.001 | 0.94 | 0.16 | 0.10 |
| 模型 5：约束 $Me_{12}$-OC 路径系数相等 | 837.23 | 4 | 681.92(1)/<0.001 | 0.95 | 0.17 | 0.07 |
| 模型 6：约束 $Me_{12}$-OC 路径系数相等同时约束 ME-$Me_{12}$ 路径系数相等 | 1019.70 | 5 | 864.39(2)/<0.001 | 0.94 | 0.17 | 0.10 |

注：$Me_{12}$ 代表两个中介变量；ME 代表师徒关系；JS 代表工作满意度；OC 代表组织承诺。

**表 8-11　中介效应分析**

| 效应类型及路径关系 | 计 算 方 法 | 效应值 | 95%CI |
|---|---|---|---|
| 自我效能感中介效应 | | | |
| ME→SE→JS | $Path_{ME\to SE} \times Path_{SE\to JS}$ | 0.12 | [0.11，0.12] |
| ME→SE→OC | $Path_{ME\to SE} \times Path_{SE\to OC}$ | 0.13 | [0.12，0.14] |
| 组织支持感中介效应 | | | |
| ME→OS→JS | $Path_{ME\to OS} \times Path_{OS\to JS}$ | 0.34 | [0.33，0.36] |
| ME→OS→OC | $Path_{ME\to OS} \times Path_{OS\to OC}$ | 0.36 | [0.33，0.38] |
| 组织支持—自我效能中介效应差异 | | | |
| ME→OS→JS-ME→SE→JS | $Path_{ME\to OS} \times Path_{OS\to JS}-Path_{ME\to SE} \times Path_{SE\to JS}$ | 0.22 | [0.21，0.24] |
| ME→OS→OC-ME→SE→OC | $Path_{ME\to OS} \times Path_{OS\to OC}-Path_{ME\to SE} \times Path_{SE\to OC}$ | 0.23 | [0.22，0.26] |

注：ME 代表师徒关系，OS 代表组织支持感，SE 代表自我效能感，JS 代表工作满意度，OC 代表组织承诺；95%CI 为蒙特卡罗法重复抽样 20000 次所得到的置信区间。

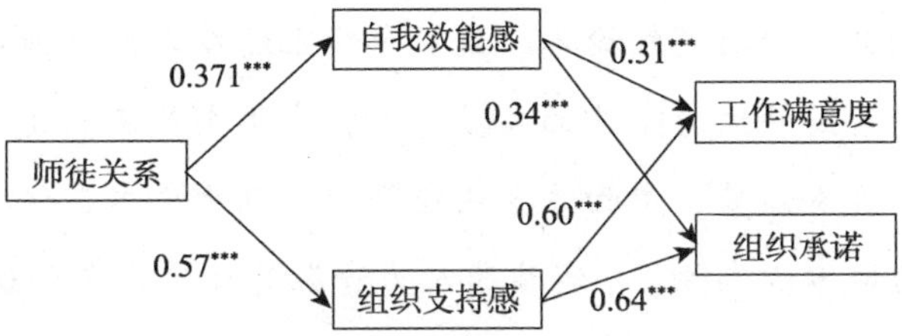


注：***代表 $p$<0.001

图 8-4　标准化路径系数

### 8.2.7　讨论

讨论部分是对研究结果进行深入解读的部分。元分析论文的讨论部分与其他实证论文类似，主要需要报告以下几方面。

（1）主要发现：总结研究的主要结果，并与先前的研究进行对比。这一部分不仅要清晰地陈述研究得出的核心结论，还应解释这些发现如何契合或偏离已有文献，探讨可能的原因。

示例：本文采用元分析对中国情境下的 HPWS 与企业绩效关系的实证研究文献进行了量化综述，文中分析结果与 Combs 和 Liu 在西方文化背景下研究 HPWPS 与组织绩效关系的元分析结果、苏中兴等学者的本土化探索性研究结果进行对比分析，并对研究结论做以下讨论。

HPWS 与企业绩效显著正相关，二者的关系强度在不同文化背景下有所不同。

假设 1 的验证结果表明，由工作设计和参与管理、招聘选拔、绩效考核与管理、劳动纪律管理、薪酬激励、信息分享和沟通、员工关系和员工培训 8 个方面构成的 HPWS 对中国企业的绩效存在显著正向影响，整体上二者的相关为 0.419（$k$ = 53，$p$<0.001），这一结果支持了 Combs 和 Liu 的元分析结论（$k$ = 92，$r$ = 0.20，$p$<0.01）；而且，从数据分析结果看，HPWS 与企业绩效的相关性在中国情境下比在西方文化背景下更大，但这与赵曙明、刘善仕等学者通过实证研究发现的“信息共享和参与、工作保障、培训等高绩效工作实践与企业绩效

不相关甚至负相关”的研究结论不一致。分析上述结果的可能原因为：①中国越来越开放，随着国外优秀企业的大量进入，中国企业不断走向世界，中外企业的交流、合作日益频繁，中西方企业在降低劳动力成本、保持竞争优势方面互相学习借鉴的地方逐渐增多，实施的人力资源管理实践差别逐渐减少。因此，与在西方文化背景下一样，在中国情境中实施 HPWS 也能提高企业绩效；②相对于西方企业，中国企业的管理基础较为薄弱，管理制度不够健全有效，很多企业尚停留在传统的人事管理层面，因此中国企业进行管理改革，学习借鉴西方先进的人力资源管理理念与措施对绩效的提升效果比在西方更为显著；③由于研究的样本特性、研究设计、中介变量的选取、HPWS 和企业绩效测量方法的不同，以及企业实施的 HPWS 作用于绩效的时间不同，都可能导致研究结论的不同，因此在个别的小样本实证研究中，可能出现个别高绩效工作实践与企业绩效的关系不明显的现象，而采用元分析获得大样本后，这些个别维度不会影响 HPWS 与企业绩效总体的正相关关系。

因此，本文认为经过学者们近 10 年来以中国企业为研究对象，基于社会交换理论、行为理论、资源基础理论等理论基础对 HPWS 与企业绩效关系的不断探索研究，其二者的相关性已经可以得出定论：中国情境下 HPWS 对企业绩效存在显著正向影响。并且，本文为中国情境下 HPWS 与企业绩效关系研究提供了更精确的估计。

（2）理论意义：讨论研究结果对相关理论的支持或挑战，阐述研究如何扩展或修正现有理论框架。这部分应深入探讨研究发现对现有理论的贡献，解释研究结果在理论层面上的新颖性和重要性。

示例：本文不仅丰富了 HPWS 与企业绩效关系的研究文献，研究结果还为中国情境下的 HPWS 与企业绩效关系研究提供了更精确的估计，进而得出二者显著正相关的一致性结论，这是对现有高绩效工作系统与企业绩效关系研究的重要补充。

（3）实践意义：提出研究结果在实际应用中的潜在影响和建议，可以包括政策建议、管理实践的改进、教育方法的创新等。具体而言，可以讨论研究结果如何帮助决策者、企业管理者或教育工作者优化其实践，并为他们提供实际的改进方向。

示例：本文的定量分析还找出在中国情境下与企业绩效显著相关的高绩效工作实践，为中国企业的人力资源管理实践提供一些有价值的启示。

（4）研究局限：应诚实地指出研究的局限性，如样本量、数据来源、方法选择等方面的不足。讨论这些局限可能对结果产生的影响，并提出如何在未来研究中克服这些限制。

示例：研究局限如下。第一，在处理一项研究中代表同一维度的多重效应值时，本文采用平均化处理方式得到单个效应值，这在一定程度上可能影响信息的准确性。第二，本文剔除了一些无法直接获得 HPWS 与企业绩效的相关系数（或路径系数）的文献，如采用结构方程模型研究 HPWS 与企业绩效作用机理，没有直接报告二者路径系数的文献，因此损失了一部分样本。第三，本文的总体效应值异质（$Q = 1128.8054$，$p<0.001$），暗示 HPWS 与企业绩效之间存在调节变量。但由于在纳入分析的 53 篇文献中可以用于调节分析的样本很少，因此，本文没有做调节效应分析，感兴趣的读者可以在这方面开展更深入的研究，得出更强有力的结论。第四，本文的研究结论只能得出与企业绩效显著相关的高绩效工作实践，尚不能反映每一方面的高绩效工作实践由哪些具体内容所构成，这还需通过实证研究得出进一步的研究结论。

（5）未来研究方向：根据研究发现和局限性，提出未来研究的方向和建议。这部分应提出切实可行的研究方案，如进一步探讨某一特定变量的影响、在其他文化背景下验证研究结果、采用不同的研究设计以克服现有研究的局限等。

示例：未来研究展望如下。第一，由于中国战略人力资源管理的研究基础比较薄弱，因此，很有必要在参考西方情境下的 HPWS 量表的基础上，通过对中国高绩效企业进行大量的案例和访谈研究，归纳出真正适用于中国企业的高绩效管理实践，并在此基础上开发高效度的测量量表，为中国开展这方面的战略人力资源管理理论研究提供基础条件；苏中兴已经开始进行这方面的试探性研究。第二，在 HPWS 与企业绩效的相关性得出定论后，战略人力资源管理领域的研究重点就应转向研究二者间的作用机制。关于 HPWS 与企业绩效的作用机制研究，从实证研究的角度看，这是一个寻找并确认中介变量与调节变量的过程。国内外迄今为止的研究中，关于 HPWS 与企业绩效之间的中介变量和调节变量的选取仍未得出一致性结论，中国企业又处在一个经济社会转型期，HPWS 对绩效的影响比在西方要复杂得多，而且中国情境下的相关研究也比较少。因此，仍需不断探索并验证能够全面反映 HPWS 作用且兼具理论和实践意义的新的中介变量与调节变量，以及企业各种背景因素在该机制中作用的研究，以丰富这一理论。第三，在研究 HPWS 与企业绩效的作用机制时，可以进一步探讨 HPWS 是否会通过非财务绩效作用于财务绩效，HPWS 是否会如本文元分析结果所示能显著提升企业绩效等问题；本文在元分析过程中也发现，现有研究普遍运用主观绩效指标测量企业绩效，由于主观数据容易受印象管理等因素的影响而出现高估现象，因此，未来的研究应尽量采用客观数据，以避免产生偏差；此外，还需科学考虑数据来源，研究设计中企业绩效指标数据和 HPWS 数据的搜集应尽量采用不同来源，以控制并克服共同方法变异。

### 8.2.8 参考文献与附录

1. 参考文献部分

参考文献部分是论文中所有引用文献的汇总，用以确保研究的透明性和可验证性。元分析论文的参考文献部分应严格遵循学术规范，例如，APA、MLA 格式，具体要求视发表期刊或机构的规定而定。参考文献的编写要注意以下几点：①格式统一。所有参考文献应统一格式，避免格式混乱，常用的格式包括作者姓名、出版年份、文章标题、期刊名称、卷期号、页码等。②引用完整。确保每一个引用的文献都在参考文献列表中详细列出，不遗漏任何引用文献。元分析论文涉及的文献量一般比较庞大，可以使用 Endnote、Zotero 等文献管理软件帮助整理。

2. 附录部分

附录部分用于提供正文中未详细展开但对研究具有重要补充作用的信息，

有些内容篇幅过长、不便于在正文中展示的内容可以在元分析论文的附录部分进行展示，如完整的编码表、文献清单或其他便于读者理解的过程文件和文字说明。

总体而言，在撰写元分析论文时应该清晰、完整地报告各个部分，让读者能够直观地了解该项研究。需要注意的是，很少有元分析论文包含本章的所有报告信息，研究者应当根据研究的实际情况进行汇报。需要重点关注的是研究的透明性、系统性和规范性，以确保研究结果的可靠性和可重复性。同时，合理选择和运用汇报标准，如 PRISMA 标准，能够提升论文的科学性和可读性。通过详细的描述和严谨的分析，元分析论文不仅可以有效地整合已有研究成果，还能为未来的研究提供重要的参考和指导。

# / 第 9 章 /

# 质性元分析概述

在社会科学研究中，质性研究以其对复杂现象的深度挖掘和丰富解释成为理解多样化社会问题的重要工具。而质性元分析，作为一种整合多项质性研究结果的系统方法，能够进一步提升这种研究的理论价值与实用性。本书的前述章节已经详细探讨了元分析的定量研究方法，但许多研究问题无法通过量化手段进行有效解析。因此，本章将引入质性元分析这一独特方法，帮助研究者通过对多项质性研究的综合，提炼出更高层次的理论或概念模型。

9.1 节将围绕质性元分析的理论基础展开，介绍其概念、认识论基础、特点等内容，为读者揭开质性元分析的全貌。9.2 节在理论的基础上介绍质性元分析的操作步骤。通过本章，读者将深入理解质性元分析如何进行理论构建，掌握其在组织管理中的具体应用实例，并学会如何通过系统化的步骤实施质性元分析，推动理论的进一步发展。本章的讨论不仅拓展了元分析的视角，更丰富了读者对质性研究在现代科学中的作用和潜力的认识。

## 9.1 理论基础

### 9.1.1 质性元分析的概念

如第 1 章所述，质性元分析是一种整合质性研究的方法。它最早起源于社会学，早期的后实证主义学者将各种理论和规则综合为更广泛的理论，这种社会学理论化的研究方法被称为 Meta 理论化，这种方法旨在从多种不同的知识中系统地分析和扩展现有的社会学知识体系。

- Noblit 和 Hare 提出的 Meta 人种学分析描绘了人类学中运用系统交叉对比的策略，将不同研究结果综合并进行理论化。
- Stern 和 Harris 最早提出了质性元分析的概念，他们将质性元分析描述为：对一组质性研究结果进行综合，形成一个解释性理论、模式或描述。
- Schreiber 等认为质性元分析有三个重叠的目的：理论构建、理论阐述和理论发展，他们认为质性元分析应该有助于构建更抽象的理论、提供更详细的描述，并为研究领域提供进一步的理论发展。

综上所述，本书将质性元分析定义为：通过系统化和综合化的方法，将一组质性研究结果转化为更高层次的理论、模式或描述的研究方法。质性元分析不是对现有研究的简单汇总，而是通过深入的比较和对比，揭示不同研究之间的内在联系，从而构建出新的理论框架或概念模型。其核心在于识别和解释不同研究中的共性与差异，以便在更广泛的背景下理解研究对象的复杂性和多样性。

### 9.1.2　质性元分析的认识论基础

质性元分析方法的认识论基础包括实证主义和后实证主义。不同的认识论具有不同的知识整合逻辑和判定标准，会影响整个理论构建过程，导致不同的质性元分析结果。

- 实证主义认为世界可以被认识和理解，主要通过定量数据验证假设，强调理论的一般性，即“聚合集成”思想。Rauch 等提出的质性元分析主要基于实证主义认识论，试图通过增大研究数量来更好地预测变量之间的因果效应。
- 与实证主义不同，后实证主义认为人类无法认识到全部的客观事物，研究者只能不断地接近真理，即“解释集成”思想。Hoon 认为质性元分析主要基于后实证主义认识论，目的是尽最大努力解释真实的现象，这意味着研究者应当相信质性研究的证据可以提取、分析，并综合起来构建一般化的理论。

综上所述，Rauch 等提出的质性元分析关注对因果效应的预测，旨在检验理论；Hoon 提出的质性元分析则侧重于解释现象，旨在构建理论。管理问题的质性研究其目标通常在于解释现象，因此现有的质性元分析多基于 Hoon 的“解释集成”思想。

探讨质性元分析的认识论基础有助于读者理解其应用范围和局限性。在实证主义的框架下，质性元分析往往侧重于验证已有理论，通过综合多个质性研究的结果，寻求规律性的结论。这种方法强调数据的客观性和分析的系统性，力图减少主观偏差。然而，这种方法也可能忽视了质性研究本身的深度和复杂性，尤其是在处理文化、情感和社会互动等方面的问题时。

与此相反，后实证主义更关注质性研究的情境性和多样性，认为研究者必须承认并反映研究对象的复杂现实。这种方法更加注重研究过程中研究者的反思和批判性思考，强调理论的动态性和开放性。后实证主义的质性元分析不仅是对已有研究的整合，更是对研究对象的重新理解和诠释，试图揭示更深层次的社会和文化现象。

因此，在实际操作中，质性元分析的研究者需要根据研究目的和问题，选择适合的认识论基础和策略。无论是采用实证主义的“聚合集成”还是后实证主义的“解释集成”，都应注重研究的系统性和严谨性，同时保持对研究对象复杂性的敏感和尊重。通过这种方式，质性元分析才能真正发挥其整合和创新的潜力，从而为社会科学研究提供更加丰富和多维的解释框架。

### 9.1.3 质性元分析的特点

1. 质性元分析的优势

首先，质性元分析能够系统地整合多个质性研究的结果，提供更全面和深入的视角。这种整合不仅能揭示各研究之间的共性和差异，还能帮助研究者发现单一研究中未能显现的潜在模式和趋势。通过这种方法，研究者可以更全面地理解研究主题，从而形成更具代表性和全局性的结论。Noblit 和 Hare 的工作就展示了质性元分析在教育研究中的应用。他们通过将多项质性研究进行综合分析，揭示了教师文化中的复杂互动和社会结构，这种综合视角使他们能够提供更深入的见解和理论贡献。

其次，质性元分析通过综合多个研究结果，有助于提高结论的稳健性和信度。单一质性研究可能受到研究设计、样本选择等因素的限制，而质性元分析通过整合多个独立研究，能够减少这些限制带来的偏差，从而得出更可靠和可信的结论。Sandelowski 等就指出，质性元分析能够通过综合多项研究的结果，增强研究结论的信度和外部效度。他们的研究表明，通过这种方法，可以更好地支持理论的验证和扩展，从而提高研究的整体质量和可信度。

最后，质性元分析为循证实践提供了坚实的基础，支持实际应用中的决策制定。通过整合现有研究的证据，它能够为实践提供科学依据，从而提高决策的有效性和可靠性。此外，质性元分析在理论构建方面也发挥着重要作用。通过对多个研究的综合分析，它能够揭示新的理论框架和研究方向，推动学术领域的发展。Thomas 和 Harden 在对健康干预的质性研究进行元分析时，揭示了多项研究之间的共性和差异，这为制定更加有效的健康政策提供了重要依据。同时，他们的工作也为健康干预理论的深化提供了新的视角和框架。

2. 质性元分析的局限性

Paterson 等学者的研究指出，质性元分析存在两点局限性。

第一是资料脱情境化。在质性元分析中，研究者必须依赖原始研究者报告中的研究情境，但这种分析在一定程度上脱离了原有的情境。质性元分析可能仅能浅表地触及原始研究者所营造的情境，忽视了构建研究结果的重要情境因素。

第二是研究的质量依赖于原始研究者的描述能力。质性元分析的研究者无法向原始研究者询问有关研究报告的问题或进一步明确报告的含义。因此，质性元分析的质量很大程度上取决于原始研究者能否清晰描述其研究设计和结果。

### 9.1.4 适用的问题类型

卫旭华等的研究指出：任何研究方法都存在自身的适用边界，需要根据不同的研究问题选择合适的研究方法。质性元分析更适用于独特、复杂的管理现象或者难以进行量化的经验研究，并且适合为新兴领域的研究提供新的洞见。此外，质性元分析在解决复杂、动态、多层次的管理现象上也具有优势，通常聚焦完整、全面的影响机制，进而形成系统的理论分析框架。从问题类型而言，质性元分析通常用于解决构念分类、简单因果、过程、权变和组态 5 类研究问题。

1. 分类问题

从分类问题视角分析旨在区分某一构念内涵界定的差异，通过合理的内涵重构、维度或类型区分策略，凸显分类后构念的差异化影响机制。例如，Lazazzara 等发现，工作重塑领域的概念界定并不一致，遂通过质性元分析将不同类型工作重塑重新概念化为趋近和回避型工作重塑，并以此为基础构建了各类工作重塑的前因、后果和权变因素的新模型。

2. 简单因果问题

从简单因果问题视角分析旨在探究变量之间的直接关系，表现为考察前因或后果，这是质性元分析方法较为简单的应用形式。例如，崔淼等通过整合 24 篇案例研究识别出在位企业数字化战略更新（利用式和探索式）的驱动因素，涵盖动态能力和运营能力两种能力类型。

3. 过程问题

从过程问题视角分析旨在探究变量关系背后的一系列传导机制，主要考察变量发挥作用的路径。质性元分析方法适用于过程类型的研究问题，能够打开变量之间的“黑箱”。例如：Lazazzara 等在整合 24 篇质性研究的基础上明晰了员工趋近和回避型工作重塑的过程，包括工作重塑的动机和相应的积极或消极后果，弥补了以往研究对工作重塑过程关注不足的问题。

4. 权变问题

从权变问题视角分析主要关注不同情境因素对变量关系的影响。质性研究的情境往往千差万别，大到国家文化、行业类型，小到研究对象特质等。在质性研究的整合过程中，权变因素能够拓展结论适用的边界。例如，俞荣建等对 35 篇案例（涵盖 17 种类型技术）展开了质性元分析，归纳出不同类型的后发技术赶超策略，并总结了技术范式特征、技术能力基础、制度因素和合作模式等情境，完善了后发企业非对称技术赶超的情境依赖机制。

5. 组态问题

从组态问题视角分析旨在以变量之间不同组合方式的组态来分析对结果的影响。在运用质性元分析的过程中，从组态视角采用整体的分析思路，更有利于解释复杂、多元的管理现象，同时也是解决以往研究结论不一致的有效途径，即哪些组态会导致结果出现，哪些组态下不会有预期结果，多应用在战略管理、创新创业等领域。例如，Lesner 等对公司创业的影响效果展开了质性元分析，发现公司创业驱动员工创业行为具有促进创业投资、转移创业经验、培养创新文化和获取外部专业知识 4 种不同类型的组态。

### 9.1.5 组织管理中的研究实例

近年来，质性元分析逐渐在组织管理领域得到了一定应用，通过系统化和规范化的分析流程，有效地整合和解析大量质性研究数据，帮助研究者揭示复杂的组织行为和管理现象。质性元分析不仅在理论层面提供了更为细致的解释框架，还在实际应用中展现出独特的优势。

陈小梅等基于中国企业逆向跨国并购的 25 篇初始案例研究，使用质性元分析法，通过摘录、编码、归类过程，系统地分析了“制度—资源”二元交互驱动的战略决策情境与中国企业逆向并购整合过程的匹配关系，进一步探讨不同利益相关者的响应行为及其背后的作用机制，进而构建了一个整合的 C-B-D（Context-Behavior-Decision）分析框架。研究发现，中国企业逆向并购整合模式有 4 种，分别是“无为而治”型、“轻触”型、“支持性合作伙伴”型和“重触”型。不同利益相关者通过 4 类不同的组织身份管理、资源整合、社会网络、制度/文化应对机制决定了不同的并购整合模式选择。

王凤彬等以国内外企业裂变式发展的 45 篇案例文献作为研究样本，使用质性元分析法，经由文献资料摘录、编码和归类 3 个步骤构建出“前因—过程—结果”分析框架，系统地分析了企业资源与机会二元交互的战略决策情境及其引发的裂变式发展过程对特定创新结果的影响，由此提炼出企业裂变式发展的 3 种主要模式，即平台孵化型裂变、集群共生型裂变和离职创业型裂变，进而识别出母体与裂变体之间在结构重整、资源重组、身份重塑、能力重建和关系重构 5 个维度的动态变化。不同的企业裂变式发展模式通过各具特色的过程机制激发了不同类型的创新，这一战略结果源自于多重因素的综合作用。研究结论对深化企业裂变式发展理论与管理实践具有启发价值。

吴炯等基于组织情境下对与企业家精神主题相关的 30 篇案例研究，借助质性元分析的方法探讨企业家精神演化路径以及涌现现象。研究发现：企业家精神的涌现是关系秩序引导的自组织过程。关系秩序由心智结构、信任和权力三要素构成，它推动了企业家团队的集体协作，并通过相变过程涌现出企业家行为，而企业家行为又反馈于关系秩序。研究还注意到企业家精神的涌现活动规律，包括企业家精神涌现的复杂性前提、关系秩序演化的复杂性路径，以及团队成员交互的复杂性过程。研究发现一方面挖掘了关系秩序在其自组织路径上的推动作用，另一方面系统概论了企业家精神的涌现活动规律，为引导组织情境下企业家精神的涌现提供了理论思考和实践指导。

总的来说，质性元分析在组织管理研究中的应用不仅丰富了理论研究的深度和广度，也为管理实践提供了宝贵的洞见和指导。未来，随着更多研究实例的积累和方法论的不断完善，质性元分析在组织管理中的应用前景将更加广阔，从而为企业管理和战略决策提供更加科学和系统的支持。

## 9.2　质性元分析的操作步骤

Paterson 等学者认为质性元分析的操作步骤由 4 部分组成：Meta 资料分析、Meta 方法分析、Meta 理论分析和 Meta 综合。此外，还附加了三个外部成分，即简洁陈述研究问题、选择和评价原始研究资料、传播 Meta 研究结果（见表 9-1）。这些分析过程合起来构成了一项综合研究方法从而提供了对所关注现象广泛而深入的检验和理解。

**表 9-1　Paterson 等学者归纳的质性元分析操作步骤**

| 操作步骤 | 说明 |
|---|---|
| 简洁陈述研究问题 | • 简洁陈述研究问题<br>• 选择理论框架<br>• 制订所研究的主要概念的可操作性定义<br>• 预测研究结果<br>• 精炼研究问题<br>• 制订原始研究的评价标准 |
| 选择和评价原始研究资料 | • 确定纳入/排除标准选择和评价原始研究<br>• 指定合适的资料源<br>• 筛选和评价步骤<br>• 检索资料 |
| Meta 资料分析 | • 明确分析策略<br>• Meta 资料分析<br>• 制订归纳和编码系统<br>• 编码资料<br>• 获得相互一致<br>• 按照与之相关的研究问题，讨论和解释结果 |

续表

| 操作步骤 | 说明 |
|---|---|
| Meta 方法分析 | • 指定所选报告的方法特征<br>• 阐释方法特征是如何影响研究结果的 |
| Meta 理论分析 | • 明确理论框架中主要的认识模式/思考流派、浮现理论<br>• 将理论与重大的社会、历史、文化及政策背景相联系<br>• 揭示特定理论的重要假说 |
| Meta 综合 | • 评判地解释众多贡献的意义和局限性<br>• 揭示特定理论的重要假说<br>• 寻找领域内部存在矛盾的替代性解释<br>• 决定现存理论立场“是”或“不是”兼容的以及为什么<br>• 提议现存知识可解释的替代性理论架构 |
| 传播 Meta 研究结果 | • 确认合适的读者<br>• 确认合适的传播结果的载体<br>• 撰写和呈现结果 |

卫旭华等学者认为，质性元分析方法的操作步骤主要包括数据收集与数据分析两方面。其通过梳理以往质性元分析的使用现状，总结了质性元分析方法的应用指南（见表 9-2）。

**表 9-2 卫旭华等学者归纳的质性元分析操作步骤**

| 操作步骤 | 具体环节 | 操作策略 |
|---|---|---|
| 数据收集 | 数据库平台 | 中英文检索数据库（包括期刊论文、会议论文、专著等）；根据研究需要决定是否检索国内外教学案例平台 |
| | 检索词和检索方式 | 将访谈、案例研究、民族志等加上研究主题作为检索词；根据研究目的决定抽样策略，包括尽可能穷尽和理论抽样等 |
| | 纳入研究的类型 | 最好纳入同一研究范式和研究方法的原始研究；根据研究需要确定质性研究的研究范式（如单案例或多案例、单层次或多层次、探索性、描述性或解释性） |
| | 纳入研究的质量和数量 | 质量（包括期刊质量和内容质量）应该放在文献纳入和剔除标准的首位；数量应从研究问题和概念复杂性等进行权衡，一般至少纳入 10 个以上 |
| | 纳入研究的透明度 | 在文中或文末列示或标注纳入的研究 |
| 数据分析 | 编码项目 | 主要包括文献的基本信息和核心变量，可借鉴 Hoon 的质性元分析编码表或元分析的 PRISMA 标准报告 |

续表

| 操作步骤 | 具体环节 | 操作策略 |
|---|---|---|
| 数据分析 | 编码类型和过程 | 当研究方向不清晰，无较多理论可借鉴并且研究重点在于初步的理论建构时，更适用于归纳编码，反之采用溯因编码；编码过程包括多人预编码和正式编码，可采用质性分析软件对编码进行管理 |
| | 研究内分析 | 聚焦特定的质性研究，把握现象发生的制度、文化等情境因素，提取变量之间的关系，可借助质性分析软件追踪分析过程 |
| | 研究间比较 | 复制质性研究间相同的逻辑关系，找出矛盾结论背后的权变或组态因素等（依据已有的理论框架或编码的频率和密度） |
| | 因果网络图 | 运用逻辑或理论框架完善构建的理论模型，最好同时体现出模式性、动态性和层次性 |

本书对以上两位学者的研究进行整合，归纳出的质性元分析的操作步骤如图 9-1 所示。

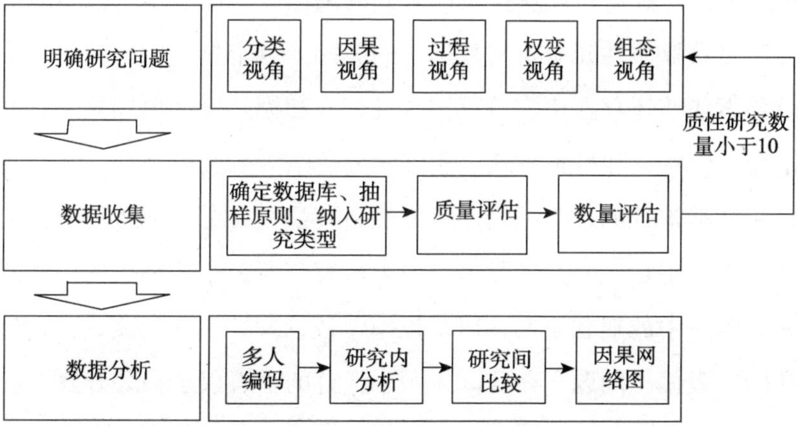


图 9-1　质性元分析的操作流程

第一步：明确研究问题。

（1）明确研究范围。质性元分析的研究问题可以是广义或狭义的概念或现象。选择一个广义的问题可以从全局视角审视相关现象，而选择一个狭义的问题则有助于缩小研究范围，聚焦于更具体的内容。好的研究问题应当既具广度，能够在不同环境和情境中把握现象特质，又要有明确的界限，确保可纳入的原始研究数量在可行范围内。研究问题的范围和性质直接决定了质性元分析的外延，并影响所需检验的概念和主题。

（2）选择理论框架。清晰的理论框架是质性元分析的关键。它不仅有助于定义相关概念、构建研究问题，还可以指导文献选择和结果解释。虽然直接采用现有理论框架可能引入偏倚，但在定义术语和明确研究对象的性质与边界时，参考现有理论框架能带来许多益处。

一个好的理论框架要有足够的广度，能够解释现象中存在的不同变量，又要尽可能缩小范围以引导研究者进行文献检索。研究者需要“揭示”框架中涉及的概念结构，并对其进行解读，这对质性研究非常有帮助。理论框架还应提供一种工作机制，帮助研究者在分析原始文献时协调各种变量和抽象概念。

第二步：数据收集。

质性元分析“数据”体现在质性研究的结论中，而系统、透明的文献搜索与纳入程序是获取质性元分析“数据”的关键。与定量元分析相比，质性元分析的文献检索环节还存在诸多争议，并且纳入和剔除标准更加复杂。本书将从数据库平台、检索词和检索方式、质性元分析纳入的文献类型、选取文献的质量和数量、文献筛选的过程呈现 5 个方面梳理质性元分析的数据收集策略。

（1）数据库平台。研究者要尽量搜索所有与研究主题相关的质性研究，包括中英文数据库中的期刊论文，以及硕博学位论文、工作论文、会议论文等，降低潜在的发表偏差问题。在实际应用中，有的学者仅选择公开发表的期刊论文，而另一些学者则同时纳入学术型案例和教学案例。然而，由于部分教学案例经过改编，为确保研究结果的可靠性，研究者在纳入教学案例时需要提供其真实性的说明。在数据库的选择上，质性元分析与定量元分析类似，具体请参考本书第 3 章相关内容。

（2）检索词和检索方式。对检索词而言，研究者可用通过访谈、质性研究、案例研究、民族志研究等加上研究主题作为关键词。需要注意的是，部分文献题目里的“案例”并非一定意味着质性研究的类型为案例，研究者需要仔细筛查全文内容，准确判断纳入样本的质性研究类型。

在检索方式上，目前大部分管理领域的质性元分析研究都采用尽可能穷尽的原则，即以研究问题中关键概念首次被提出的时间为起点进行检索，这种方式有助于最小化发表偏差，实现便于对现象进行全面理解，但同时可能导致分析过于复杂，削弱深度。少数的质性元分析研究应用了理论抽样原则，即通过对少数符合标准的案例进行综合分析，以构建新的理论，这种方式的针对性强、灵活性高，但可能存在发表偏差，难以全面理解现象。

在实际操作中，采用何种原则取决于研究问题类型或开展质性元分析的目标。当研究问题较为宽泛，适合采用尽可能穷尽原则，以实现充分解释的目标；当研究问题较为具体，则可以基于理论抽样原则，此时质性元分析目标是发展或完善解释这些变量关系的理论框架。

（3）质性元分析纳入的文献类型。质性元分析纳入的文献类型应根据研究范式来选择，不同研究范式（如单案例、多案例、民族志、访谈等）具有各自的理论构建路径，因此质性元分析最好纳入同一研究范式和研究方法的原始文献。部分学者严格遵循 Hoon 提出的方法指南，只纳入案例研究；而其他学者认为虽然管理领域的质性元分析发展于案例研究，但同样适用于各种类型的质性研究。近些年来，还有学者认为质性元分析更多是关注质性的研究结论，因此可以纳入定量研究或混合研究。

在实际操作中，研究者应当根据研究需要确定质性研究的研究范式（单案例或多案例；单层次或多层次；探索性、描述性或解释性）。当研究者试图挖掘现象的动态机制时，有必要尽可能纳入单案例研究。单案例研究特殊性强，往往对一个研究对象的多个时间点展开研究，更有利于捕捉动态变化。当研究者试图在多层次视角上分析管理现象时，应该尽量纳入多层次案例研究，有利于深度挖掘多层级单位变量间的交互影响。最后，当研究者试图开拓某一新的研究问题或构建理论时，更适合纳入探索性案例。

（4）选取文献的质量和数量。质性研究文献的质量应作为文献选取的首要标准。虽然有的学者强调每个研究概念的重要性，不支持根据质量将研究排除在外，但大多数学者主张排除低质量研究，以确保合成数据的可信度。例如，为了保证质性研究的质量，一部分研究出于避免发表偏差的考虑，将会议论文纳入其中，而大部分研究认为未经发表的会议论文不应纳入原始研究中。

质性研究的质量评判主要包括质性研究的期刊质量和内容质量。期刊质量可以根据公认的高质量索引数据库或者期刊评级来进行筛选。内容质量的筛选标准大致有以下 3 类。

第 1 类，质性研究必须与研究问题高度契合（如概念界定、研究情境、研究层次等），并且需要具有严密的理论推理过程，以充分保证构念效度。同时，纳入的质性研究也应当积极与理论进行对话，有具体的理论贡献。

第 2 类，质性研究的数据必须来自公司内部文件、公开二手资料、期刊论文、实地访谈等多渠道的数据链，以有效提升说服力。

第 3 类，质性研究需要对研究情境、样本来源、数据来源和分析有详细的描述。高质量的质性研究不仅能够“扎根”现象，而且语言表达能够让读者有沉浸体验。

此外，关键评估技术项目也是一种质性研究内容的评价工具，包括有多项质性研究内容的质量评判标准，目前在教育、循证护理等领域应用较多，未来管理研究者可以积极使用该评价工具。

在文献数量上，应根据研究问题和概念复杂性等因素进行权衡。质性研究数量过少，难以提取足够的证据，不利于解释现象和构建理论；数量过多则可能导致分析空洞化，削弱解释的边界和范围。医疗保健领域学者提出质性元分析的最低文献数量范围应为 10~12，合理范围为 12~100。然而，目前管理领域还没有学者明确提出需纳入的最低研究数量。经过检索以往文献，管理领域的质性元分析通常选取 10 个以上的质性研究文献。

（5）文献筛选的过程呈现。透明度是文献筛选过程呈现的核心，它主要体现在研究者在文中或文末列出纳入的研究。部分研究未列出纳入的质性研究，或仅在文中展示基本信息（如作者、期刊、研究对象等），但未在参考文献部分标注，这些做法无法体现质性元分析方法的绝对透明。

为确保筛选过程的透明度，研究者应明确列出筛选标准和纳入文献的详细信息，包括文献作者、出版年份、期刊名称、研究对象、数据来源等。此外，还应详细描述纳入和剔除的依据，确保其他研究者可以再现这一过程，从而加强研究的可靠性和信度。

第三步：数据分析。

数据编码和分析是质性元分析的核心，具体可以分为编码项目、编码类型和过程、研究内分析、研究间比较和因果网络图 5 个方面。

（1）编码项目。编码项目主要包括文献的基本信息和核心变量。Hoon 提出了 42 个项目的质性元分析编码表，包括作者、期刊名称、研究设计类型、案例数量或数据源、开展地区、理论、结论等，研究者也可以在元分析结果呈现的 PRISMA 标准的基础上加入更多的编码项目。

在对文献进行编码时，研究者应对每篇质性研究的基本特征进行编码，如研究设计类型和研究地区，以确保研究者和读者对研究背景保持足够的敏感性。此外，研究者应在文中或附录中列出这些基本信息，以保证质性元分析的透明性。

除了文献的基本信息，研究者也需要对核心概念或关键变量进行编码，这涉及多阶编码的过程，这里的编码是对“数据”的再加工，是研究者基于认识论和理论敏感性将数据概念化和理论化。一阶编码是对研究调查中初始研究者所作“解释”的提取；二阶编码则是质性元分析研究者对这些“解释”进行再解释。

（2）编码类型和过程。质性元分析的编码是将质性数据转化为有组织的、可分析的类别或主题的过程。质性元分析作为一种探索性、整合性的方法工具，主要有归纳推理和溯因推理两种编码类型（见表 9-3）。

表 9-3 质性元分析编码类型

| 编码类型 | 常用方法 | 适用情景 |
|---|---|---|
| 归纳推理 | 开放性编码：扎根理论的初始编码阶段，研究者对数据进行自由的、开放的编码，以识别出重要的概念和类别 | 帮助研究者广泛探索数据，识别潜在的主题 |
| | 主轴编码：在开放性编码的基础上，将识别出的概念和类别进行重新组织和连接，以发现数据之间的关系 | 帮助研究者将零散的概念和类别整合成更大的主题和模式 |
| | 选择性编码：聚焦于核心类别，将所有其他类别和概念组织在这个核心类别周围，形成一个系统的理论框架 | 帮助研究者形成最终的理论或模型，解释研究中的主要现象 |
| 溯因编码 | 演绎编码：基于已有理论或框架，对新数据进行编码的过程，使用预先定义的类别或主题对数据进行分类 | 用于在已有理论基础上对数据进行分析和解释 |

归纳推理是一种从具体实例中总结出一般性结论的推理方式，在质性研究中，研究者通过归纳分析识别出模式和主题，从而构建新的理论。对于归纳推理而言，以往较多研究使用程序化扎根理论的编码方式来开展质性元分析，多使用开放性编码、主轴编码和选择性编码。也有一些研究采用溯因编码方式，用演绎编码的方案来添加新的归纳推理，这些研究认为归纳推理并非意味着研究者可以忽略以往研究中的相关理论。

根据以往编码类型的应用情况，当问题的研究方向不清晰，没有较多理论可以借鉴并且研究重点在于完成初步的理论建构时，更适用于归纳推理的方式；而当问题的研究方向较为清晰，有较多理论可以参考并且研究重点在于中后期的理论建构时，更应该采用溯因编码方法。

在开始编码之前，通常需要先对已有研究的关键语句和研究结论进行摘录，以概括其要点。编码过程可分为预编码和正式编码两个阶段。研究者首先产生编码项目的先验直觉，然后挑选几篇质性研究进行多人预编码，以识别更多的相关编码项目，从而改进编码内容。

为了保证编码的一致性，最少应由两位研究者进行编码，并不断地进行比对和调整，展示出每次修正之后的编码一致性信度。也有研究建议采取多人编码和多时点编码相结合的方式，并在结束后寻找该领域的专家学者进行检阅。在编码过程中，研究者需要兼顾精炼性和完整性。此外，质性分析软件可用于追踪编码过程，支持数据分析并提高编码管理的有效性。

（3）研究内分析。对质性研究的深加工主要体现在研究内分析和研究间比较两项步骤。其中，研究内分析更多关注质性研究内部的过程机制，是数据深加工的关键步骤，而研究间比较旨在确定变量之间的因果效应。

研究内分析可分为以下几个步骤。

第一步是要聚焦具体研究，研究者需要深入研究某个特定的质性研究，了解现象发生的制度、文化等具体情境因素。

第二步要识别变量关系，思考哪些自变量在逻辑上会影响因变量，哪些自变量可能同时出现，哪些自变量不会同时出现，以及自变量出现的先后顺序。

第三步要通过编码过程，抽取每项质性研究简明扼要的信息，为后续研究间比较做铺垫。

在进行研究内分析时，研究者需要特别注意以下几个方面：一是案例数量，确定分析的案例数量，以确保数据的代表性和深入性。二是分析的层次，明确分析的层次为个体、群体还是组织等。三是时间流程，考虑时间因素对变量关系的影响。此外，研究者可以借助质性分析软件，对分析过程中的思维和逻辑进行追踪和管理，提高分析的系统性和精确性。

（4）研究间比较。研究间比较旨在整合和比较不同质性研究的结果，以确定变量之间的因果关系。这一过程主要包括以下步骤。

第一步，匹配和对比变量，将每个质性研究中识别的变量进行匹配和对比，按照一定的逻辑关系合并到系统的因果关系中，体现出一种复制逻辑。

第二步，扩展外部效度，通过复制相同的逻辑关系扩大因果关系的外部效度，使研究结果具有更广泛的适用性。

第三步，对比不同研究中的对立属性，找出解释矛盾结论的权变或组态因素。研究间比较的关键在于通过反复对比编码结果、案例资料与理论文献，确认没有新的条目概念和逻辑关系出现时，研究间比较阶段基本完成。

在研究过程中，不同质性研究可能存在结论上的不一致，质性元分析需要深入探究其中的权变或组态因素。一方面，质性元分析能够通过研究间比较梳理出影响变量关系的权变因素。例如，Lazazzara 等通过对 24 篇质性研究展开元分析，明晰了个体和情境因素在员工趋近型和回避型工作重塑过程中的影响。另一方面，质性元分析会对质性研究进行有效的聚类，形成不同的组态。这既可以基于已有的理论框架，如陈小梅等基于资源—制度二元框架将中国企业逆向跨国并购的众多案例划分为 4 种不同的模式；也可以根据编码变量出现的频率和密度等特征，如 Habersang 等基于 43 篇公开发表的单案例研究总结出了 4 种组织失败的原型：帝国主义者、落后者、反派者和政治化者，并解释了每种组织失败的内在机制。

（5）因果网络图。因果网络图在质性元分析中是一种可视化工具，用于展示和分析数据中的因果关系。当研究间比较完成后，研究者需要以清晰的因果网络图呈现最终的理论构建结果，这方便可视化各个变量之间的关系，增加读者对其理解，降低阅读负担。为了增强模型的有效性，研究者可以利用表格呈现出每项研究的变量在因果网络图中强度的差异，使读者更为全面和清晰地理解因果关系。

此外，也有学者会运用一些逻辑或理论框架来丰富和合理化所构建的理论模型，如情境—行为—决策、前因—过程—后果和 4W1H（who-why-where-how-what）等（见图 9-2）。高质量的因果网络图最好同时体现模式性、动态性和层次性，这也是衡量相关领域是否值得进行质性元分析的重要标准。具体而言，模式性是指研究者对以往质性研究的特征进行有效、合理的分类；动态性是在模式性的基础上，将现象的内在机制或规律清晰化、流程化；层次性则是结合宏观、中观、微观不同层面的变量来找出特定现象形成的原因和机理。陈小梅等、Küberling-Jost 以及 Habersang 等的质性元分析研究都兼具了模式性、动态性和层次性特征，有效解决了现有研究中的短板和不足。不过，此类因果网络图总体上还并不多见，质性元分析的价值和作用仍有待进一步发挥。研究者可依据因果网络图提出一系列理论命题，以便学者们进行定量检验。

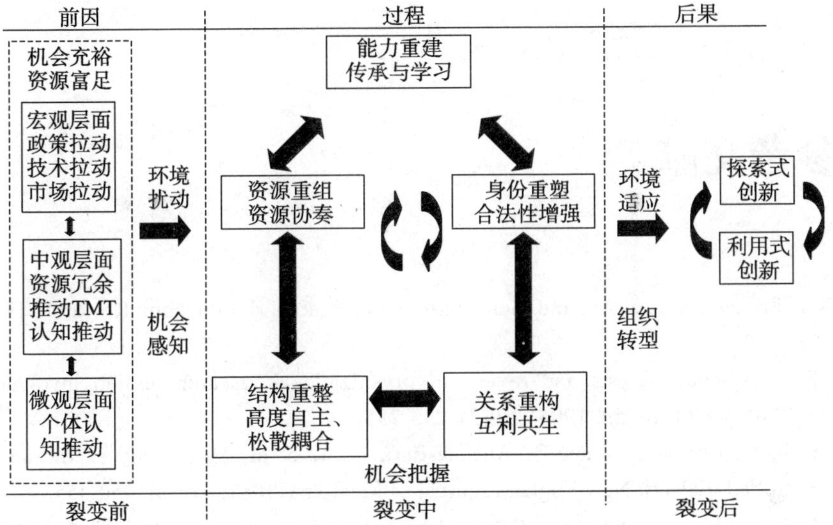


图 9-2　因果网络图示例：平台孵化型裂变式发展过程框架

# /参考文献/


Glass G V. Primary, Secondary, and Meta-analysis of research[J]. Education Research, 1976, 6(5): 3-8.

Brown S P. A meta-analysis and review of organizational research on job involvement[J]. Psychological Bulletin, 1996, 120(2): 235-255.

Sacks H S., Berrier J, Reitman D, Ancona-Berk V A, et al. Meta-analyses of randomized controlled trials[J]. New England Journal of Medicine, 1987, 316(8), 450-455.

罗湘, 曾繁典. Meta-analysis 方法及其在药物临床评价中的应用[J]. 中国临床药理学杂志, 1995(3): 164-171.

Milos J. Meta-analysis in medicine where we are and where we want to go[J]. Journal of Clinical Epidemiology, 1989, 42(1): 35-44.

Stanley T D. Wheat from chaff: Meta-analysis as Quantitative Literature Review[J]. Journal of Economic Perspectives, 2001, 15(3): 131-150.

Cook T D, Cooper H, Cordrah D S, et al. Meta-Analysis for Explanation: A Casebook[M]. New York: Russell Sage Foundation, 1992.

Hunter J E, Frank L S. Methods of Meta-Analysis: Correcting Error and Bias in Research Findings[M]. Third edition. Thousand Oaks, California: SAGE, 2015.

Stern P N, Harris C C. Women's health and the self-care paradox: A model to guide self-care readiness[J]. Health Care for Women International, 1985, 6(1-3): 151-163.

Hoon C. Meta-synthesis of qualitative case studies: An approach to theory building[J]. Organizational Research Methods, 2013, 16(4): 522-556.

Rauch A, Van Doorn R, Hulsink W. A Qualitative Approach to Evidence-Based Entrepreneurship: Theoretical Considerations and an Example Involving Business Clusters[J]. Entrepreneurship Theory and Practice, 2014, 38(2): 333-368.

博伦斯坦, 李国春, 吴勉华, 等. Meta 分析导论[M]. 北京: 科学出版社, 2013.

张天嵩, 董圣杰, 周支瑞. 高级 Meta 分析方法——基于 Stata 实现[M]. 上海: 复旦大学出版社, 2015.

Higgins J P, Thompson S G, Deeks J J, et al. Measuring inconsistency in meta-analysis[J]. British Medical Journal, 327(7414): 557-560.

库珀, 李超平, 张昱城, 等. 元分析研究方法 = Research synthesis and meta-analysis a step-by step approach[M]. 北京: 中国人民大学出版社, 2020.

李怀祖. 管理研究方法论 = Research methodology for management[M]. 3 版. 西安: 西安交通大学出版社, 2017.

秦德智. 管理研究方法与学位论文写作[M]. 北京: 科学出版社, 2019.

刘志辉, 李文绚. 元分析方法研究综述[J]. 情报工程, 2016, 2(6): 31-38.

张蒙, 王志灵, 张昱城, 等. 元分析方法综述: 从基础到高阶[J]. 技术经济, 2024, 43(1): 140-151.

徐勇. Meta 分析常见资料类型及统计分析方法[J]. 中华预防医学杂志, 1994(5): 303-307.

吕冲冲, 张宗泽, 王胜伟. 组织忘却前因和后果研究的元分析[J]. 海南大学学报(人文社会科学版), 2024, 42(3): 202-210.

范哲, 张伟. 知识型虚拟社区用户分享行为影响因素的元分析——基于角色理论 的归纳[J]. 现代情报, 2024: 1-15.

朱永跃, 邹佳璐, 宋锐. 领导风格与员工建言行为关系的元分析[J]. 江苏大学学报(社会科学版), 2024, 26(3): 58-70.

朱少东, 关阵, 王秋石. 中国的财政分权与环境污染: 一项元分析[J]. 公共管理评论, 2023, 5(1): 141-166.

姜忠辉, 白丽艳, 孟朝月, 等. 孵化器内在孵企业社会资本对企业绩效影响的元分析[J]. 软科学, 2023, 37(10): 77-83.

Humphreys B R, Berry W D. New styles of data analysis for a new era[J]. Political Analysis, 2023, 21(4): 477-487.

卫旭华. 组织与管理研究中的元分析方法[M]. 北京: 科学出版社, 2021.

郑迪文, 谢卫红, 李忠顺, 等. 数字技术如何影响产业变革——基于元分析技术的探索[J]. 科技进步与对策, 2023, 40(5): 64-74.

马鸿佳, 肖彬, 王春蕾. 大数据能力影响因素及效用: 基于元分析的研究[J]. 南开管理评论, 2023, 26(2): 143-153+165.

张兴贵, 胡献丹, 苏涛. 高绩效工作系统会降低员工幸福感吗？来自元分析的证据[J]. 心理科学进展, 2023, 31(11): 2005-2024.

吴佳桧, 傅海伦. 成就目标定向与学业成绩关系的元分析: 自我效能感、学习投入的中介作用[J]. 心理科学进展, 2024: 1-28.

马鸿佳, 王春蕾. 数字化能力总是有益的吗？数字化能力与企业绩效关系的元分析[J]. 南开管理评论, 2024: 1-17.

Valentine J C, Pigott T D, Rothstein H R. How many studies do you need?: A primer on statistical power for meta-analysis[J]. Journal of Educational and Behavioral Statistics, 2010, 35(2): 215-247.

郭春彦，朱滢，王全珍．差数显著性 t 检验与元分析方法的模拟对比[J]．心理学报，2002，34(2): 155-159.

王永贵，张言彩．元分析方法在国内外经济管理研究中的应用比较[J]．经济管理，2012(4): 182-190.

Dickersin K, Chan S, Chalmersx T, et al. Publication bias and clinical trials[J]. Controlled Clinical Trials, 1987, 8(4): 343-353.

Baker M. 1,500 scientists lift the lid on reproducibility[J]. Nature (London), 2016, 533(7604): 452-454.

Bachrach D G, Lewis K, Kim Y, et al. Transactive Memory Systems in Context: A Meta-Analytic Examination of Contextual Factors in Transactive Memory Systems Development and Team Performance[J]. Journal of Applied Psychology, 2019, 104(3): 464.

Scandura T A, Williams E A. Research methodology in management: Current practices, trends, and implications for future research[J]. Academy of Management Journal, 2000, 43(6): 1248-1264.

Borenstein M, Higgins J P. Meta-Analysis and Subgroups[J]. Prevention Science, 2013, 14(2): 134-143.

Hedges L V, Olkin I. Statistical Methods for Meta-Analysis[M]. United States: Elsevier Science & Technology, 1985.

郑昊敏，温忠麟，吴艳．心理学常用效应量的选用与分析[J]．心理科学进展，2011，19(12): 1868-1878.

沐守宽，周伟．缺失数据处理的期望——极大化算法与马尔可夫蒙特卡洛方法[J]．心理科学进展, 2011, 19(7): 1083-1090.

Cochran W G. The Combination of Estimates from Different Experiments[J]. Biometrics, 1954, 10(1): 101-129.

Harwell M. An empirical study of Hedge's homogeneity test[J]. Psychological Methods, 1997, 2(2): 219-231.

Huedo-Medina T B, Sánchez-Meca J, Marín-Martínez F, et al. Assessing heterogeneity in meta-analysis: Q statistic or $I^2$ index?[J]. Psychological Methods, 2006, 11(2): 193-206.

Viechtbauer W. Hypothesis tests for population heterogeneity in meta-analysis[J]. British Journal of Mathematical & Statistical Psychology, 2007, 60(1): 29-60.

Hedges L V. A random effects model for effect sizes[J]. Psychological Bulletin, 1983, 93(2): 388-395.

Friedman L. Estimators of random effects variance components in meta-analysis[J]. Journal of Educational and Behavioral Statistics, 2000, 25(1): 1-12.

Dersimonian R, Laird N. Meta-analysis in clinical trials revisited[J]. Contemporary Clinical Trials, 2015, 45(Pt A): 139-145.

Hardy R J, Thompson S G. A likelihood approach to meta-analysis with random effects[J]. Statistics in Medicine, 1996, 15(6): 619-629.

Demidenko E. Mixed Models: Theory and Applications with R[M]. 2nd ed. Hoboken, New Jersey: Wiley, 2013.

Schmidt F L, Oh I S, Hayes T L. Fixed - versus random - effects models in meta-analysis: model properties and an empirical comparison of differences in results[J]. British Journal of Mathematical and Statistical Psychology, 2009, 62(1): 97-128.

Higgins J P T, Thompson S G. Quantifying heterogeneity in a meta - analysis[J]. Statistics in Medicine, 2002, 21(11): 1539-1558.

Takkouche B, Cadarso-Suarez C, Spiegelman D. Evaluation of old and new tests of heterogeneity in epidemiologic meta-analysis[J]. American Journal of Epidemiology, 1999, 150(2): 206-215.

Takkouche B, Khudyakov P, Costa-Bouzas J, et al. Confidence intervals for heterogeneity measures in meta-analysis[J]. American Journal of Epidemiology, 2013, 178(6): 993-1004.

Xiong C, Miller J P, Morris J C. Measuring study-specific heterogeneity in meta-analysis: application to an antecedent biomarker study of Alzheimer's disease[J]. Statistics in Biopharmaceutical Research, 2010, 2(3): 300-309.

Fischer R, Boer D. What is more important for national well-being: money or autonomy? A meta-analysis of well-being, burnout, and anxiety across 63 societies[J]. Journal of Personality and Social Psychology, 2011, 101(1): 164.

Fischer R, Hanke K, Sibley C G. Cultural and institutional determinants of social dominance orientation: A cross-cultural meta-analysis of 27 societies[J]. Political Psychology, 2012, 33(4): 437-467.

Hanke K, Fischer R. Socioeconomical and sociopolitical correlates of interpersonal forgiveness: A three-level meta-analysis of the Enright Forgiveness Inventory across 13 societies[J]. International Journal of Psychology, 2013, 48(4): 514-526.

Cooper H. Research Synthesis and Meta-Analysis: A Step-by-Step Approach[M]. 5th ed. Los Angeles, California: Sage, 2017.

Owens C M, Ferron J M. Synthesizing single-case studies: A Monte Carlo examination of a three-level meta-analytic model[J]. Behavior Research Methods, 2012, 44(3): 795-805.

Van den Bussche E, Van den Noortgate W, Reynvoet B. Mechanisms of masked priming: a meta-analysis[J]. Psychological Bulletin, 2009, 135(3): 452.

Shin I S. Same author and same data dependence in meta-analysis[D]. Tallahassee, Florida: The Florida State University, 2009.

Cheung S F, Chan D K S. Meta-analyzing dependent correlations: An SPSS macro and an R script[J]. Behavior Research Methods, 2014, 46(2): 331-345.

Rosenthal R, Rubin D B. Meta-analytic procedures for combining studies with multiple effect sizes[J]. Psychological Bulletin, 1986, 99(3): 400.

Borenstein M, Hedges L V, Higgins J P T, et al. A basic introduction to fixed-effect and random-effects models for meta-analysis[J]. Research Synthesis Methods, 2010, 1(2): 97-111.

Olkin I, Gleser L. The Handbook of Research Synthesis and Meta-Analysis[M]. 2nd ed. New

York: Russell Sage Foundation, 2009.

Hedges L V, Pigott T D. The power of statistical tests for moderators in meta-analysis[J]. Psychological Methods, 2004, 9(4): 426.

Nguyen A M T D, Benet-Martínez V. Biculturalism and adjustment: a meta-analysis[J]. Journal of Cross-Cultural Psychology, 2013, 44(1): 122-159.

Hedges L V, Vevea J L. Fixed-and random-effects models in meta-analysis[J]. Psychological Methods, 1998, 3(4): 486.

Au K, Cheung M W. Intra-cultural variation and job autonomy in 42 countries[J]. Organization Studies, 2004, 25(8): 1339-1362.

Olkin I, Gleser L. The Handbook of Research Synthesis and Meta-Analysis[M]. 2nd ed. New York: Russell Sage Foundation, 2009.

Cheung M W L. Modeling dependent effect sizes with three-level meta-analyses: a structural equation modeling approach[J]. Psychological Methods, 2014, 19(2): 211.

Borenstein M, Hedges L V, Higgins J P T, et al. Introduction to Meta-Analysis[M]. Chichester, U.K: John Wiley & Sons, 2009.

Higgins J P T, Thompson S G. Controlling the risk of spurious findings from meta-regression[J]. Statistics in Medicine, 2004, 23(11): 1663-1682.

Preacher K J, Selig J P. Advantages of Monte Carlo confidence intervals for indirect effects[J]. Communication Methods and Measures, 2012, 6(2): 77-98.

温忠麟, 叶宝娟. 中介效应分析：方法和模型发展[J]. 心理科学进展, 2014, 22(5): 731-745.

Baron R M, Kenny D A. The moderator-mediator variable distinction in social psychological research: conceptual, strategic, and statistical considerations[J]. Journal of Personality and Social Psychology, 1986, 51(6): 1173-1182.

Sobel M E. Asymptotic confidence intervals for indirect effects in structural equation models[J]. Sociological Methodology, 1982, 13: 290-312.

Mackinnon D P, Lockwood C M, Williams J. Confidence limits for the indirect effect: distribution of the product and resampling methods[J]. Multivariate Behavioral Research, 2004, 39(1): 99-128.

Tofighi D, Mackinnon D P. Monte Carlo confidence intervals for complex functions of indirect effects[J]. Structural Equation Modeling, 2016, 23(2): 194-205.

刘宇, 陈树铨, 樊富珉, 等. 开放式荟萃分析的规范化报告[J]. 中国科学: 生命科学, 2021, 51(6): 764-778.

Franklin J C, Ribeiro J D, Fox K R, Bentley K H, et al. Risk factors for suicidal thoughts and behaviors: A meta-analysis of 50 years of research[J]. Psychological Bulletin, 2017, 143(2): 187-232.

张文兰, 胡姣. 项目式学习的学习作用发生了吗?——基于 46 项实验与准实验研究的元分析[J]. 电化教育研究, 2019, 40(2): 95-104.

张徽燕, 李端凤, 姚秦. 中国情境下高绩效工作系统与企业绩效关系的元分析[J]. 南开管理评论, 2012, 15(3): 139-149.

郭伯良，张雷. 儿童攻击和同伴关系的相关:20 年研究的元分析[J]. 心理科学，2003(5): 843-846.

张亚利, 靳娟娟, 俞国良. 2010—2020 中国内地初中生心理健康问题检出率的元分析[J]. 心理科学进展, 2022, 30(5): 965-977.

张银普, 骆南峰, 石伟, 等. 中国情境下领导—成员交换与绩效关系的元分析[J]. 南开管理评论, 2020, 23(3): 177-187.

秦剑, 董维维, 牛晓琴, 等. 基于元分析方法的人力资源管理对新产品开发绩效的影响机制研究——人力资本的中介效应[J]. 研究与发展管理, 2023, 35(4): 108-125.

胡尚峰, 蒋雪梅, 张姝. 分层教学对中小学生学业表现的影响研究——基于国内 47 篇 64 项实证研究的元分析[J]. 四川师范大学学报(自然科学版), 2024(5): 611-621.

张友浪, 王培杰. 政策如何塑造大众?基于最近三十年国际政策反馈研究的元分析[J]. 公共行政评论, 2024, 17(3): 24-43+195-196.

唐涵羽, 李霞. 师徒关系对徒弟工作态度的作用机制: 来自元分析的证据[J]. 心理技术与应用, 2024, 12(5): 257-272.

Zhao S. Metatheory, Metamethod, Meta-Data-Analysis: What, why, and how?[J]. Sociological Perspectives, 1991, 34(3): 377-390.

Noblit G W, Hare R D. Meta-Ethnography: Synthesizing Qualitative Studies[M]. Thousand Oaks, California: SAGE, 1988.

Schreiber R, Crooks D, Stern P, et al. Completing a Qualitative Project: Details and Dialogue[M]. Thousand Oaks, California: SAGE, 1997.

Rousseau D M, Manning J, Denyer D. Evidence in management and organizational science: Assembling the field’s full weight of scientific knowledge through syntheses[J]. The Academy of Management Annals, 2008, 2(1): 475-515.

Sandelowski M, Docherty S, Emden C. Focus on qualitative methods. Qualitative metasynthesis: issues and techniques[J]. Research in Nursing & Health, 1997, 20(4): 365-371.

Thomas J, Harden A. Methods for the thematic synthesis of qualitative research in systematic reviews[J]. BMC Medical Research Methodology, 2008, 8(1): 45-45.

Paterson B L. Meta-Study of Qualitative Health Research: A Practical Guide to Meta-Analysis and Meta-Synthesis[M]. Thousand Oaks, California: SAGE, 2001.

卫旭华, 陈义, 汪光炜. 管理研究中的质性元分析方法: 适用问题、操作策略与应用展望[J]. 管理学报, 2024, 21(1): 148-158.

Lazazzara A, Tims M, De Gennaro D. The process of reinventing a job: A meta–synthesis of qualitative job crafting research[J]. Journal of Vocational Behavior, 2020, 116: 103267.

崔淼, 周晓雪. 在位企业的能力构建与数字化战略更新: 一项质性元分析[J]. 研究与发展管理, 2021, 33(1): 39-52.

俞荣建, 王雅萍, 项丽瑶. 后发技术非对称赶超策略及其情境依赖机制研究[J]. 社会科学战线, 2022(9): 61-73.

Lesner M, Reihlen M, Rauch A. Configurations of Corporate Entrepreneurship: A Qualitative Meta-Analysis[J]. Academy of Management, 2018.

陈小梅, 吴小节, 汪秀琼, 等. 中国企业逆向跨国并购整合过程的质性元分析研究[J]. 管理世界, 2021, 37(11): 159-183+11-15.

王凤彬, 杨京雨. 企业裂变式发展过程的质性元分析研究[J]. 管理世界, 2024, 40(3): 180-215.

吴炯, 肖姗姗. 组织情境下企业家精神涌现的质性元分析——基于关系秩序的自组织机制的发现[J]. 科研管理, 2024, 45(10): 112-120.

Habersang S, Küberling-Jost J, Reihlen M, et al. A process perspective on organizational failure: qualitative meta-analysis[J]. Journal of Management Studies, 2019, 56(1): 19-56.

Küberling-Jost J A. Paths of Corporate Irresponsibility: A Dynamic Process[J]. Journal of Business Ethics, 2021, 169(3): 579-601.

# / 附录 /

## 附录 1　第 5 章 R 语言实操代码示例

例 1　固定效应模型

方法一：

```
library(readxl)
library(metaSEM)
data1 <-read_excel("C:/Users/32194/Desktop/元分析结构方程模型/元分析书稿/data1.xls")
head(data1)
summary(meta(y=r,v=v,data=data1,RE.constraints = 0))
```

方法二：

```
library(readxl)
library(meta)
data1 <-read_excel("C:/Users/32194/Desktop/元分析结构方程模型/元分析书稿/data1.xls")
FM<-metacor(r,SampleSize,data1,studlab=Authors,comb.fixed = TRUE,comb.random = FALSE,prediction=TRUE,sm="zcor")
summary(FM)
```

例 2　随机效应模型

方法一：

```
library(readxl)
library(metaSEM)
```

data2<-read_excel("C:/Users/32194/Desktop/元分析结构方程模型/元分析书稿/data2.xlsx")

head(data2)

z<-with(data2,0.5*log((1+r)/(1-r)))

z.v<-with(data2,1/(SampleSize-3))

summary(meta(y=z,v=z.v,data=data2))

summary(meta(y=z,v=z.v,data=data2,intervals.type="LB"))

方法二：

library(meta)

library(readxl)

data2<-read_excel("C:/Users/32194/Desktop/元分析结构方程模型/元分析书稿/data2.xlsx")

head(data2)

RM<-metacor(r,SampleSize,data2,studlab=Authors,comb.fixed = FALSE, comb.random = TRUE,prediction=TRUE,sm="zcor")

summary(RM)

例 3　三水平随机效应模型

方法一：

library(readxl)

library(metaSEM)

data3<-read_excel("C:/Users/32194/Desktop/元分析结构方程模型/元分析书稿/data3.xlsx")

head(data3)

z<-with(data3,0.5*log((1+r)/(1-r)))

z.v<-with(data3,1/(SampleSize-3))

summary(meta3L(y=z,v=z.v,cluster=cluster,data=data3,model.name = "3 level"))

summary(meta3L(y=z,v=z.v,cluster=cluster,data=data3,model.name = "3 level", intervals.type="LB"))

Model1<-(meta(y=z,v=z.v,data=data3,model.name = "2 level"))

Model0<-(meta3L(y=z,v=z.v,cluster=cluster,data=data3,model.name = "3 level")) anova(Model0, Model1)

Model2<-meta3L(y=z,v=z.v,cluster=cluster,data=data3,RE2.constraints =0, model.name="tau2_2 EQ 0")

anova(Model0, Model2)

Model3<-meta3L(y=z,v=z.v,cluster=cluster,data=data3,RE2.constraints = "0.1*Eq_tau2",

RE3.constraints="0.1*Eq_tau2",model.name="Eq tau2")

summary(Model3)

anova(Model0, Model3)

方法二：

library(readxl)

library(metafor)

data3<-read_excel("C:/Users/32194/Desktop/元分析结构方程模型/元分析书稿/data3.xlsx")

head(data3)

z<-with(data3,0.5*log((1+r)/(1-r)))

z.v<-with(data3,1/(SampleSize-3))

modelA<-rma.mv(z, z.v, random = ~ 1 | cluster/ESID, tdist = TRUE, data = data3,method = "REML")

modelA

library(dmetar)

mlm.variance.distribution(x = modelA )

modelB<-rma.mv(z, z.v, random = ~ 1 | cluster/ESID, tdist = TRUE, data = data3,method = "REML",sigma2 = c(NA, 0))

modelB

anova(modelA, modelB)

modelC<-rma.mv(z, z.v, random = ~ 1 | cluster/ESID, tdist = TRUE, data = data3,method = "REML",sigma2 = c(0, NA))

modelC

anova(modelA, modelC)

# 附录 2　第 6 章 R 语言实操代码示例

例 1　固定效应模型（复数）亚组分析

```
library(meta)
library(dmetar)
library(readxl)
data4<-read_excel("C:/Users/32194/Desktop/元分析结构方程模型/元分析书稿/data4.xlsx")
m.cor<-metacor(r,
               SampleSize,
               data4,
               studlab=Authors,
               comb.fixed = FALSE,
               comb.random = TRUE,
               prediction=TRUE,
               sm="zcor")
summary(m.cor)
subgroup.analysis.mixed.effects(x=m.cor,subgroups=data4$Publication)
subgroup.analysis.mixed.effects
```

例 2　随机效应模型亚组分析

```
library(meta)
library(dmetar)
library(readxl)
data4<-read_excel("C:/Users/32194/Desktop/元分析结构方程模型/元分析书稿/data4.xlsx")
m.cor<-metacor(r,
               SampleSize,
               data4,
               studlab=Authors,
```

```
                comb.fixed = FALSE,
                comb.random = TRUE,
                prediction=TRUE,
                sm="zcor")
country.subgroup<-update.meta(m.cor,byvar = Country,comb. random = TRUE,comb.fixed = FALSE)
country.subgroup
```

例 3　分类预测变量的元回归

```
library(meta)
library(dmetar)
library(readxl)
data4<-read_excel("C:/Users/32194/Desktop/元分析结构方程模型/元分析书稿/data4.xlsx")
m.cor<-metacor(r,
                SampleSize,
                data4,
                studlab=Authors,
                comb.fixed = FALSE,
                comb.random = TRUE,
                prediction=TRUE,
                sm="zcor")
metareg(m.cor, Publication)
```

例 4　连续预测变量的元回归

```
library(meta)
library(dmetar)
library(readxl)
data4<-read_excel("C:/Users/32194/Desktop/元分析结构方程模型/元分析书稿/data4.xlsx")
m.cor<-metacor(r,
                SampleSize,
                data4,
```

```
                studlab=Authors,
                comb.fixed = FALSE,
                comb.random = TRUE,
                prediction=TRUE,
                sm="zcor")
metareg(m.cor, pub-year)
```

例 5　三水平模型的元回归

```
library(readxl)
library(metafor)
data3<-read_excel("C:/Users/32194/Desktop/元分析结构方程模型/元分析书稿/data3.xlsx")
z<-with(data3,0.5*log((1+r)/(1-r)))
z.v<-with(data3,1/(SampleSize-3))
model.D<-rma.mv(z, z.v, random = ~ 1 | cluster/ESID, tdist = TRUE, data = data3,method = "REML",mods = ~ Publishment)
model.D
```

# 教师服务

感谢您选用清华大学出版社的教材！为了更好地服务教学，我们
授课教师提供本书的教学辅助资源，以及本学科重点教材信息。请
扫码获取。

## 教辅获取

书教辅资源，授课教师扫码获取

---

## 样书赠送

**业管理类**重点教材，教师扫码获取样书

清华大学出版社

-mail: tupfuwu@163.com
话：010-83470332 / 83470142
址：北京市海淀区双清路学研大厦 B 座 509

网址：https://www.tup.com.cn/
传真：8610-83470107
邮编：100084